房間裡的小行星

わたしの部屋の小惑星
アクアリウムとテラリウム

水草 × 空氣鳳梨 × 多肉
自組創作超療癒微型玻璃花園

水草微造景
講師：**早坂誠**
（Makoto Hayasaka）

玻璃小盆景
講師：**中山茜**
（Akane Nakayama）

前言

水草微造景

「水、綠意、流動」的療癒三重奏

我曾經在飼養小魚時，隨手在水族箱裡種植了一些喜歡的水草。一週後，當我觀察水族箱的狀態時……咦，是我的錯覺嗎？水草好像長大了一點，而且，被透進屋內的陽光照到的葉子還冒著氣泡，難道這就是在行光合作用（請參閱第7頁）製造氧氣嗎？後來，我又試種了各種水草，怪了！魚的健康狀況變好，水質也比以前更清澈。原來如此，水草吸收了魚的排泄作為養分，也提高水中的含氧濃度。況且不管怎麼說，水、綠意、流動的組合讓人心曠神怡，要比喻的話，可謂「療癒三重奏」。

這就是我和水草的邂逅。之後，我開始在水族用品店工作，繁忙之餘，每當我環顧店內，角落水缸裡植物生生不息的姿態，總令我深受感動。於是我開始動手養殖水草，並讀遍專業書籍研究，愈來愈深陷於水草的魅力而不可自拔。如此「為水草奉獻大半人生」的我，這次將使用五彩繽紛、形態各異的水草，介紹各種賞玩的方法。

從只用一株水草完成的裝飾，到宛如花藝般美麗的水草造景、充滿侘寂感的和風造景等，多采多姿。不僅成果令人心曠神怡，做起來簡單，又容易維持。完成後，每天都能欣賞自己種植的水草逐日生長的姿態，與水景的變化。

早坂誠

早坂誠
（Hayasaka Makoto）

水草專家。新世代水草造景界的開拓者。在東京經營水族用品店，並於專校擔任講師。因從小喜歡生物而到寵物店工作，體會到水草之美與奇妙，累積了養殖水草和造景的經歷後自立門戶。包括NHK連續劇《小海女》中海女咖啡廳的水族箱，經手過許多電視節目及布景用的水草造景作品。

http://www.h2-l.jp

玻璃小盆景

與「微型世界」的植物相處的喜悅

國小美勞課某一次的題目是「在空箱子裡建造出一個小世界」，於是我以博物館為主題，隨心布置了自製的繪畫和擺設等。至今我仍清楚記得，當時我是多麼專注在打造專屬於自己的小空間。對我而言，玻璃植栽盆景或許很接近這種製作「微型世界」的感覺。

把植物當作一項項裝置的元素，打造出活生生且有變化，專屬於自己的世界，還能當作居家裝飾擺放在身邊。每天都能看到這些有趣美麗的造型、色彩、質感、多肉植物、礦物與化石等，大自然花了漫長的歲月創造出來的各種形狀，多麼令人驚豔。把它們裝進玻璃的透明空間裡，就近感受植物的生長，可謂是融合居家裝飾與園藝的新型態。當然，因為它是「活」的居家裝飾，生活中需要花一點時間來照顧，這種「剛剛好的距離感」很重要。

多肉植物可以忍耐一定程度的乾燥，組合成小盆景後，許多品種只要每月澆一、二次水就足夠。充足的日照和通風，是常保它們健康茁壯的祕訣。請試著將它們擺放在各種地點，並觀察它們的樣子。植物是生物，也有枯死的時候，但只要掌握住剛剛好的距離感，你會更喜歡它，打造出專屬自己的小小世界。

中山茜

中山茜
（Nakayama Akane）

玻璃造型（玻璃植栽盆景）作家。二〇一三年於名古屋創立自家品牌的工作室。受到外國作家的玻璃作品所啟發，開始製作原創的玻璃容器，從此踏入這個領域。原本就喜歡植物和礦物，發現多肉植物、空氣鳳梨、礦物或化石很適合用來搭配玻璃作品，便正式展開玻璃小盆景的創作。平常以東京、名古屋為據點，以開個展或舉辦工作坊為主要活動。
http://rousseau.jp

房間裡的小行星

水草微造景與玻璃小盆景

目錄

重要：水草請於個人種植在水缸的範圍內使用。有些外來種的水草碎屑若隨下水道排出，可能會對本地自然環境生態造成影響。因此換水時，**請避免讓植物碎屑流入排水孔、排水溝，也不可以把水草丟棄於河川、湖泊、沼澤當中。**

Aquarium

講師：早坂誠

水草是水中造景的主角，一起來種水草吧！

水草專家早坂誠先生一手拿著鑷子或剪刀，
一邊傾聽水草的聲音，不斷追求水中植物之美。
這次他設計的水草造景，讓初學者都能輕鬆上手。

水草小小的葉子上為什麼會有許多泡泡？
這是「光合作用」，是水草茁壯生長的證據。
只要多讓水草曬太陽，勤換水，就會出現這樣的泡泡。
植物從陽光和新鮮的水獲取養分時，
就會吐出副產物（氧氣）形成氣泡。
若是用大水缸種植大量水草，
可補充人工光線，添加二氧化碳，來促進水草生長。
本書介紹的水草微造景都能靠自然的力量成長，
請放置於明亮的房間，勤換水，好好享受有水草為伴的生活！

水草微造景所需的材料和工具

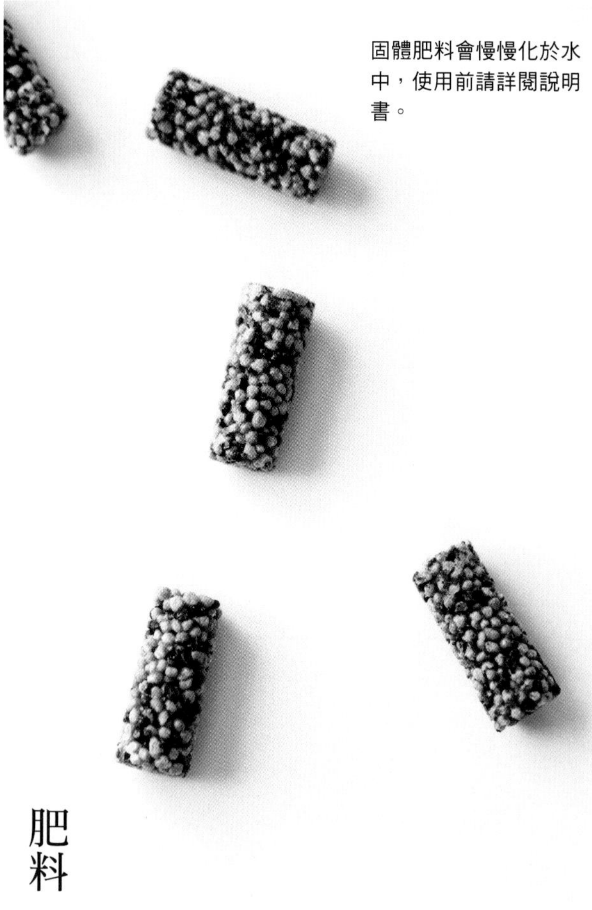

肥料

固體肥料會慢慢化於水中，使用前請詳閱說明書。

玻璃容器

有各式各樣的造型，請配合想要的造景選擇喜歡的容器。若要養小魚等生物，請選大一點的容器。

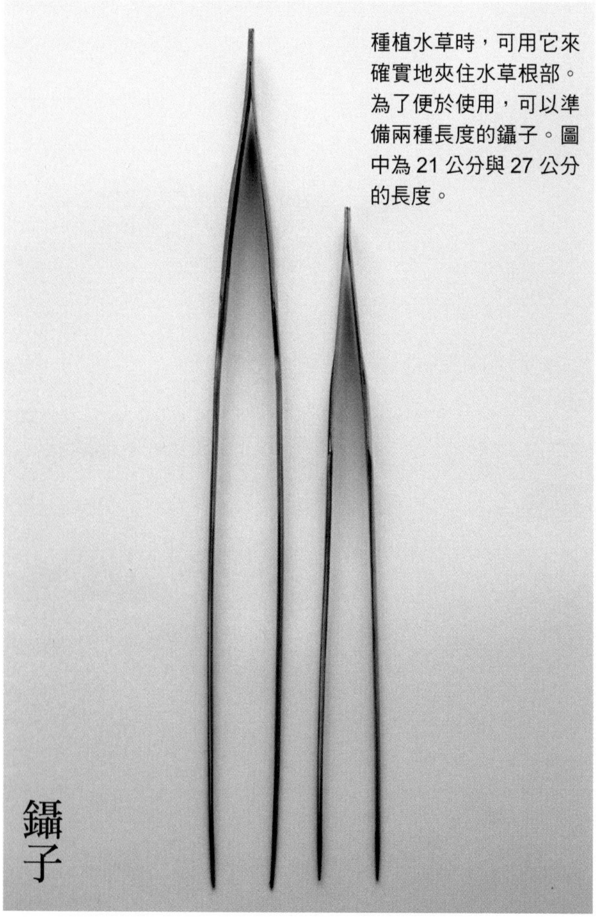

鑷子

種植水草時，可用它來確實地夾住水草根部。為了便於使用，可以準備兩種長度的鑷子。圖中為 21 公分與 27 公分的長度。

水草

全部或部分在水中生長的草，統稱為「水草」。水草有高有矮，生長的速度也有快有慢，也有漂浮在水面上的類型，十分多采多姿。

玻璃砂

小小的玻璃砂有著晶瑩感，使用起來輕鬆簡單。市面上有各種顏色的玻璃砂，顆粒直徑為3～5公分最合適。

好用的工具

右起為整理底床用的水彩筆、清潔容器用的牙刷、修剪水草用的剪刀。

視想要打造的水景類型，需要的素材也會有所不同。你可以為水草再加入沉木、動物等等，徜徉在創造新世界的樂趣中。

天然沙

種植水草不可或缺的底沙，統稱為「底床」。此為質地較細密的天然沙，請清洗過再使用。

黑土

用泥土低溫燒製而成，是水草造景底床的代表用土，能使水草易於扎根，有些市售土壤甚至含有肥料。不需要清洗，可直接使用。

第1課

打造簡約之美——單株水草的植栽

清爽的單株水草植栽。
利用玻璃砂增添繽紛色彩，
立刻就能為居家裝飾帶來畫龍點睛的效果。
用家裡現有的玻璃杯就能輕鬆完成。
水草從右邊起為綠羽毛、扭蘭、紅絲青葉。

作法參閱第 12 頁

只是在細長的玻璃杯種植一株水草，
就能瞬間打造出一個清涼的世界。
放在廚房的角落、書櫃的空隙或洗臉台，
只需要小小的空間，可以裝飾任何地方。
就算放在陽光照射不到的地方，只要有時讓它曬曬太陽也OK。
首先，就從種植喜歡的單株水草開始水草造景吧！

memo

水位可依擺放的場所和自己的喜好來調整。本書以作品看起來美觀為優先，所以裝到滿水位。

作品1 欣賞單株水草的姿態和玻璃砂的組合

這裡以紅色玻璃砂來種植水草，其他顏色的作法相同。

主要材料

玻璃砂（紅色）

固體肥料

水草（綠羽毛）

容器尺寸

5 公分× 5 公分×高 21 公分

鑷子的拿法

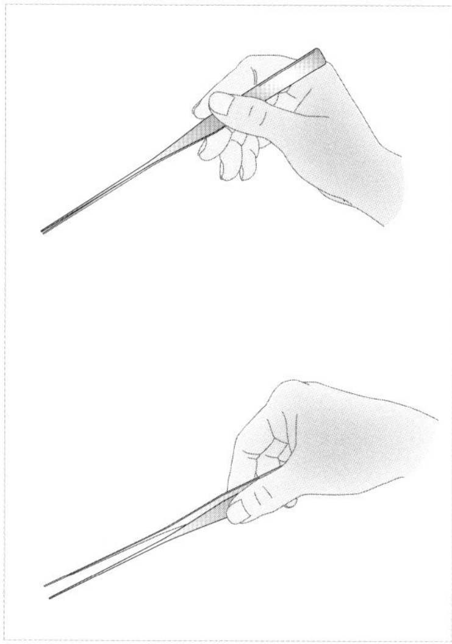

用大拇指和食指夾住鑷子，依水草的形狀和要種植的位置，分成往上握住與往下握住兩種拿法。

1

放入一塊固體肥料。固體肥料能幫助水草生根、茁壯，請避免選用會立即溶化的肥料，要選擇會慢慢釋出養分的種類。

2

大致清洗一下玻璃砂，再用湯匙等工具把適量的玻璃砂倒入容器中。

3

用水彩筆之類的刷具把玻璃砂的表面整平。需要的砂量依容器大小而異，原則上高度以 3 ～ 5 公分為準，只要這樣的高度，就可以種植水草了。

4

緩緩注水到玻璃容器中。使用有壺嘴的容器或水壺會比較方便。若直接從水龍頭注水，則請分成少量多次進行。

種植水草的方法

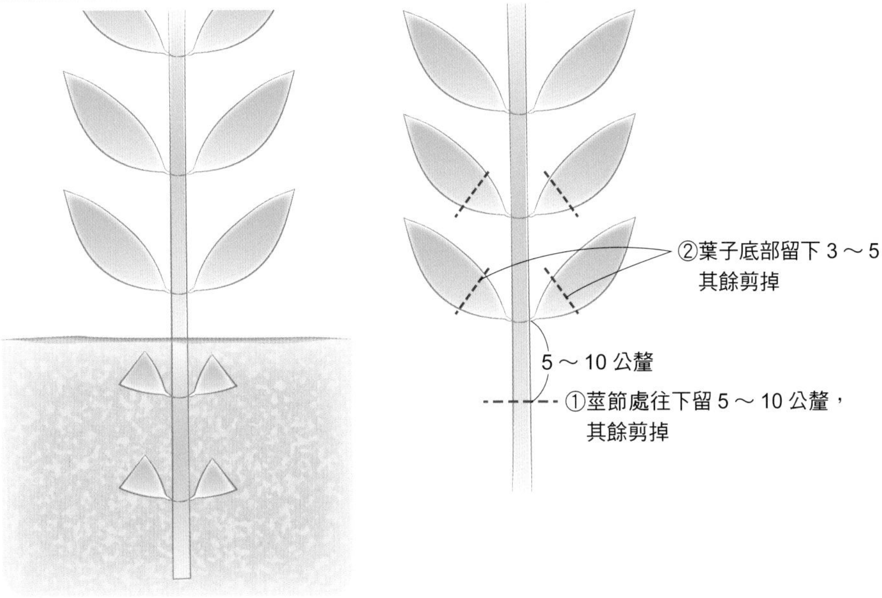

②葉子底部留下 3～5 公釐，
其餘剪掉
5～10 公釐
①莖節處往下留 5～10 公釐，
其餘剪掉

剛買回來的水草通常根部會有變色、受損的情形，尤其是莖往上長、莖節處長出葉子或根的「有莖草」，這時要剪掉根部，修剪底下的葉子，這樣水草插進土壤後才會比較牢固。

5

選一支水草，比較它和玻璃容器的高度。水草比較短的話就沒問題，如果太長，就修剪調整長度。請考量水草的生長來選擇。

6

剪掉一點水草的根部，再如圖修剪底下的葉子。

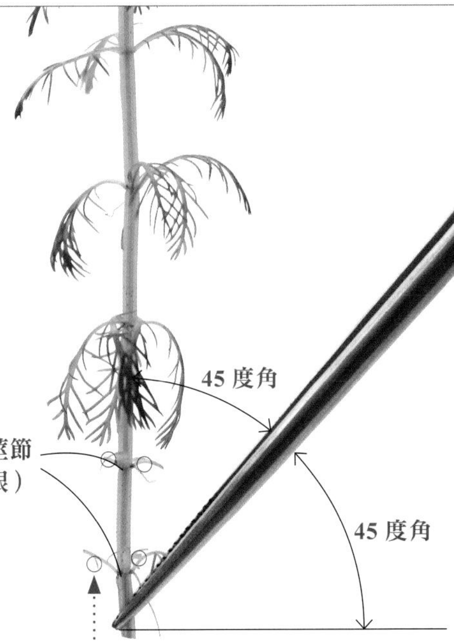

（這裡容易生根）

水草留下一點葉子再種植，就能勾住土壤

7

由下往上拿住鑷子，以 45 度角夾住水草的下端（莖節的下方）。

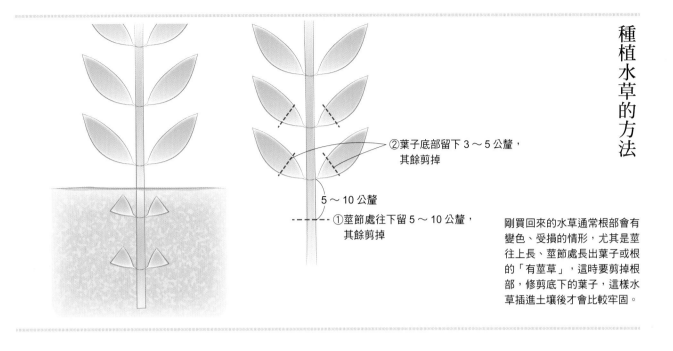

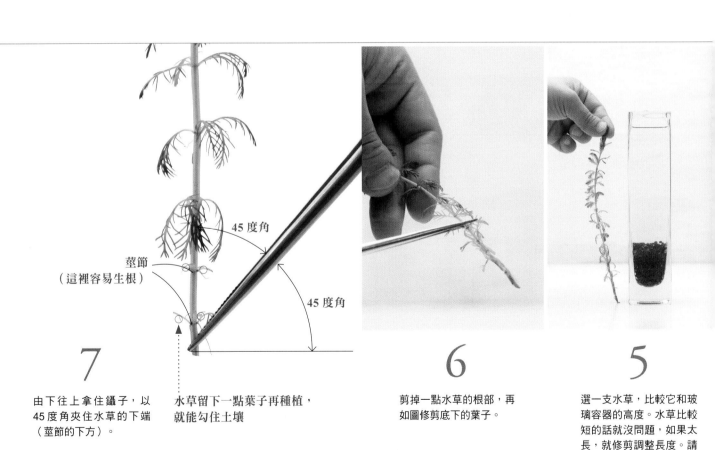

3 種水草的種法都一樣。如果空間足夠，一次並排數個作為裝飾會很漂亮。每天換水是最理想的，或至少一週換水 2 次以上。

8

用鑷子夾住水草根部，另一支手抓住水草頂端，輕輕把水草夾入水中。

把修剪過葉子的莖節藏到玻璃砂裡

9

因為是一枝水草的植栽，把水草插入玻璃容器中央的位置，然後慢慢放開鑷子。

10

如果水草看起來歪歪的，就用鑷子夾正。

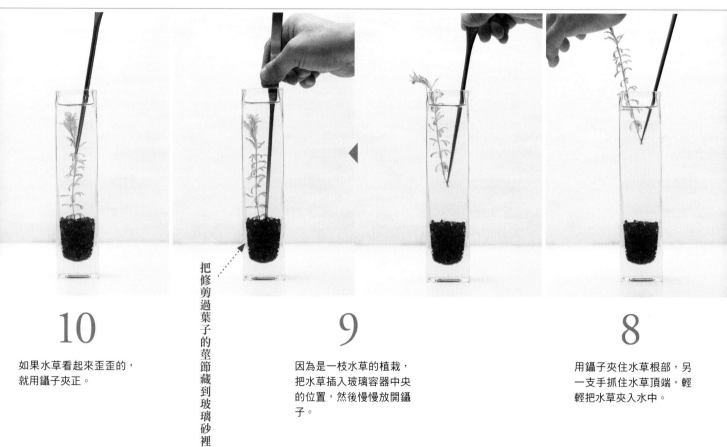

水草的種類

「水草」是在水中生長的植物統稱，不過依照不同的水草生態，主要可分成四大類。

浮水植物＝不在水底生根，而是漂浮在水中或水面上的水草。

浮葉植物＝如蓮花般從水底伸出莖，葉子浮在水面上。

沉水植物＝整體棲息在水中。

挺水植物＝葉或莖在水面上，但根部在水底。

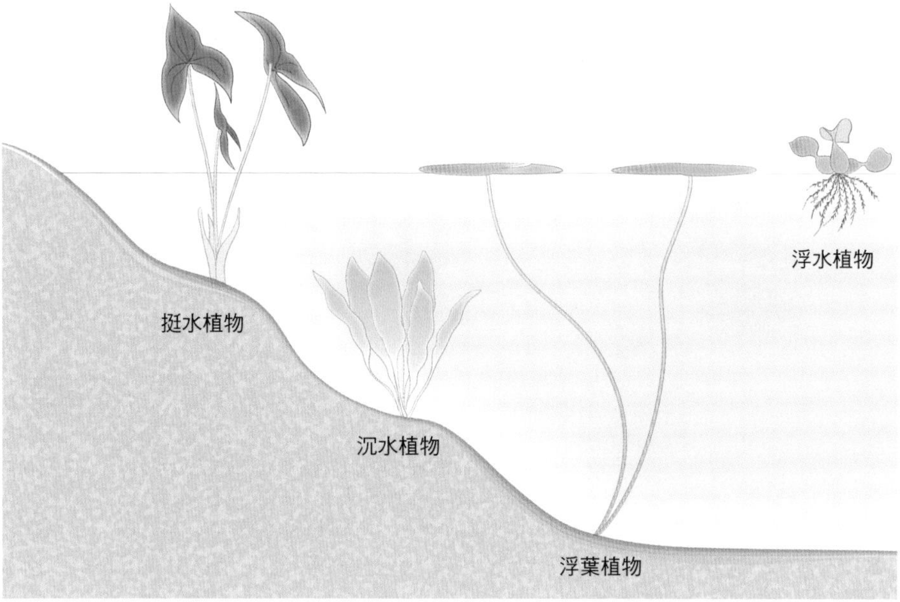

11

輕輕用水彩筆整平插入水草時揚起的玻璃砂。

12

再次注水，讓水溢出容器，同時沖走細微的髒汙。換水時也是用這種方式，一直注水到容器裡的水變清澈為止。

13

可依個人喜好決定水位，最後把手指插進水裡以減少水量，便於移到其他地方擺放。

14

用毛巾或廚房紙巾擦掉玻璃容器上的水分即完成。

作品 2 茂盛的水草就算只有單株也很有看頭

● **主要材料**

天然沙（黑色）

固體肥料

水草（皇冠草）

● **容器尺寸**

直徑 11 公分×高 20 公分

1

使用天然沙時，要先像洗米一樣清洗後再使用。要重複洗到水變清澈為止。建議先把沙子放進容器，決定好使用的分量再洗，才不會浪費。

2

根太長的話可以剪掉一點。以皇冠草為例，要留下約 2.5 公分的根。修剪的長度隨水草而異，購買時請先確認。

3

依序把肥料、沙子放入容器後注水。以鑷子夾住水草根部（呈 45 度角），輕輕插入容器的中央。

水草在水中伸展開來。

作品 3 種植數支同種水草營造出茂密感

● **主要材料**

土壤（棕色）

固體肥料

水草（印度大松尾）

● **容器尺寸**

直徑 7 公分×高 19 公分

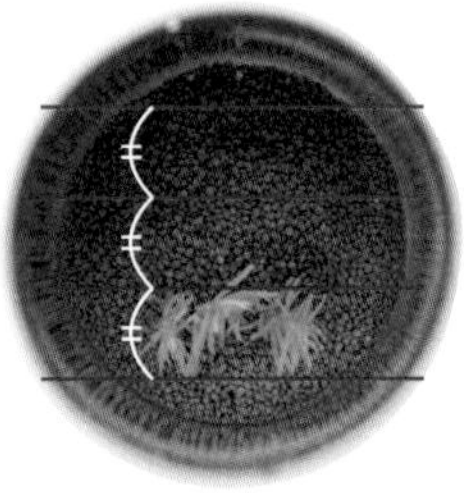

1

把肥料、土壤放入容器後注水。因為要種三排水草，故把空間分成三等分，從前景依序種植。首先，在最前排的位置種 3 支水草（水草剪短一點）。

2

接著，在中間種 4 支水草。

3

最後，在後排種 4 支水草。想像要種成一個三角形區塊，就能均衡地排列。

● 水草的種法請參閱第 13 頁。

只要學會種單支水草的方法，就能逐步挑戰種植更多的水草。就算不種很多種類，一次種植數支同種水草，也能創造出欣欣向榮的水景。

種在淺盆的水草大多是俯視觀看，因此種植時要從這一點來均衡配置形狀美麗的水草（左頁示範的玻璃容器為不同款式）。容器會大大改變整體的印象，所以要精心挑選。

作品4 在寬口淺盆中種植3種漂浮水草

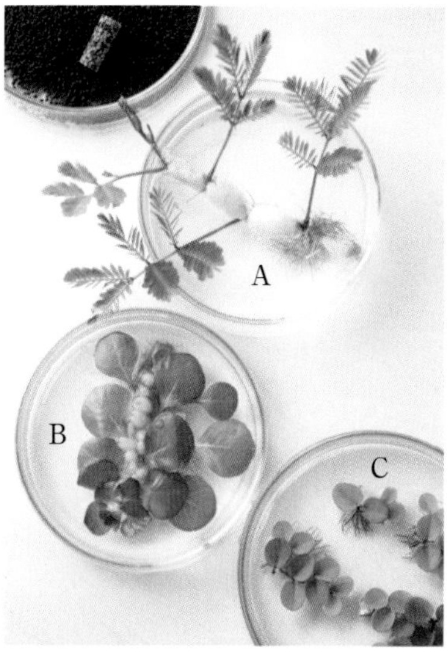

- **主要材料**
  黑土（黑色）
  水草（A＝大葉水含羞草、B＝水鱉、C＝酒杯萍）
- **容器尺寸**
  直徑 26 公分×高 6 公分（右頁）

1

盆裡放入 2 塊固體肥料，加入土壤約 3 ～ 5 公分高，用水彩筆整平。

2

緩緩注水。

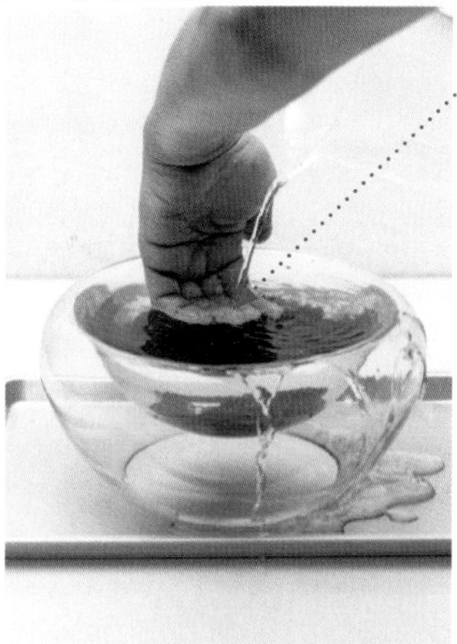

以手掌接水緩衝，土壤就不易揚起

3

水面上會浮著一些細碎的土壤，要一直注水到水滿出來把它沖走為止。

4

將手指伸進水裡，來調節水量。

5

水草的根如果太長，就剪掉一些。

6

讓水草浮在水面上。水草的量以容器面積的三分之一為基準，到水草生長到布滿水面之前，訣竅是稍微留些空隙。

- 漂浮水草換水的作法和種在玻璃杯裡的水草一樣。初學者可以先把水草撈起來，再倒入乾淨的水。

第2課

華麗的荷蘭式水草造景缸

十七世紀初期，歐洲宮廷為了能在漫長的冬天享受綠意，會花點巧思在溫室裡栽種植物，水草造景也由此應運而生。其中，「荷蘭式水草造景缸」（Dutch Aquarium）就是在水缸裡組合數種不同的水草，以和諧的配置打造出美麗的水景。讓我們取其精華，動手來呈現小小荷蘭式水草缸的世界吧！

在小小的玻璃杯裡
種植 6 種水草的
「荷蘭式水草造景缸」。
妥善配置水草的種植位置，
使水中景色和諧均衡。
作法見第 22 頁

memo

荷蘭式水草造景缸
以水草為中心的世界觀

這種水草缸的美妙在於利用最少程度的沉木和石頭，在空間有限的水槽裡，打造出以水草為主體的景色。利用傾斜的手法表現出遠近感，計算視覺效果，為相鄰的水草色彩、形狀帶來變化，展現出水景的美感。我們運用荷蘭式水草缸的重點做出兩款作品（第22頁和第25頁）。在什麼地方種植什麼水草，講究配置不馬虎，是打造美景的關鍵。

作品5 在小小玻璃杯中組合形狀各異的6種水草

水草的高度依水草種類而異，可事先準備好兩種類型：大約是容器一半高度的水草，和約三分之二高度的。一般而言，前景種植較矮的水草。

- **主要材料**
  天然沙（黑色）
  固體肥料
  水草（A＝綠宮廷草、B＝大珍珠草、C＝日本珍珠草、D＝綠苔草、E＝牛頓草、F＝紅蝴蝶〔小葉〕）
- 荷蘭式水草造景缸基於配置的需要，大多使用往水面生長的水草（有莖草）。有莖草因生長快速，需要頻繁的修剪維護。
- **容器尺寸**
  直徑 8 公分×高 9 公分

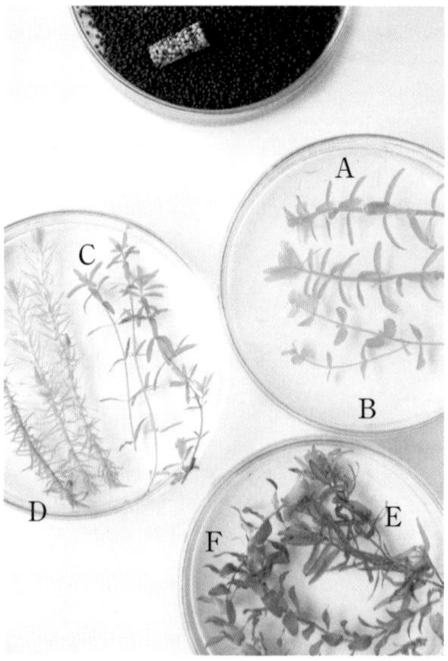

從①到⑥依序種植水草，不過並非一定要照這個順序。為了容易理解，我先種植容器中央的水草，再一邊觀察協調性一邊繼續種植。中央種植紅色系的水草，相鄰的水草都是綠色系，形成對比。另外，②③④是種較短的水草，數量各為 8 ～ 10 支。

＊ A ～ F 請對照照片上的水草。

早坂流的美感法則

為了在有限的空間裡打造出美麗的水景，請記住以下幾項訣竅。不僅在選擇水草時有幫助，只要留意到這幾點，完成的作品將截然不同。

- 同種類的水草種成三角形的區塊。
- 前面種大葉子的水草，後面種細葉的水草，就能製造出遠近感。
- 顏色深的水草種內側，顏色淺的水草種外側，就能製造出開闊感。
- 顏色、形狀各異的水草相鄰而種，就能強調對比感。
- 用沙子做出傾斜的坡面，就能增加深度感。

1

把固體肥料（1塊）放入容器裡，倒入清洗好的天然沙（高約2公分）後注水。用水彩筆把沙子的表面整平。

2

先一支一支種好中央的水草（紅蝴蝶）。用鑷子以45度角夾住水草的底部插入沙中，再慢慢放開。

3

如果水草歪掉了，就用鑷子夾正。

想像一下6種水草的配置

4

以同樣的方法種完其餘的水草。感覺像要在容器中央製造出一個三角形般，逐一細心種植。

5

逐一種植第二種水草（大珍珠草）。

6

逐一種植第三種水草（日本珍珠草）。

7

逐一種植第四種水草（牛頓草）。

8

逐一種植第五種水草（綠宮廷草）。

9

在剩下的空間逐一種植第六種水草（綠苔草），即完成。

種植時一邊用手指壓住

若水草變得太密集不好種，可以先用手指壓住相鄰的水草。另外，若是水草太短，一下子就脫落，種植時也可以用手指壓住水草的頂端。

作品 6 顏色、形狀相異的水草齊聚 挑戰有景深的荷蘭式水草造景缸

四方形的容器裡，
使用了 11 種水草來呈現自然之美。
給沙子製造傾斜的坡度，
在水中打造一片蒼鬱森林。

→ 作法見第 26 頁

作品❻的作法

- **主要材料**
  天然沙（棕色）
  固體肥料
  水草（A＝玫瑰葉底紅、B＝黃金錢草、C＝南美紅色小圓葉、D＝小圓葉、E＝小寶塔、F＝小紅葉、G＝綠宮廷草、H＝綠松尾、I＝過長沙、J＝葉底紅、K＝綠羽毛）
- 另使用沉木。
- 荷蘭式水草造景缸基於配置上的需要，多使用往水面生長的水草（有莖草）。有莖草因生長快速，需要頻繁的修剪維護。
- **容器尺寸**
  12.5 公分× 12.5 公分×高 12 公分

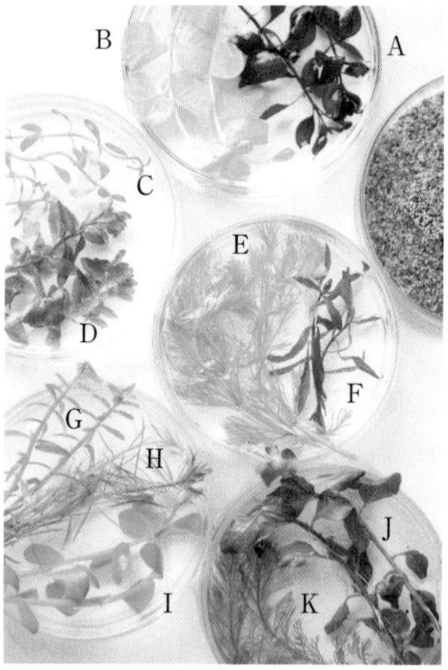

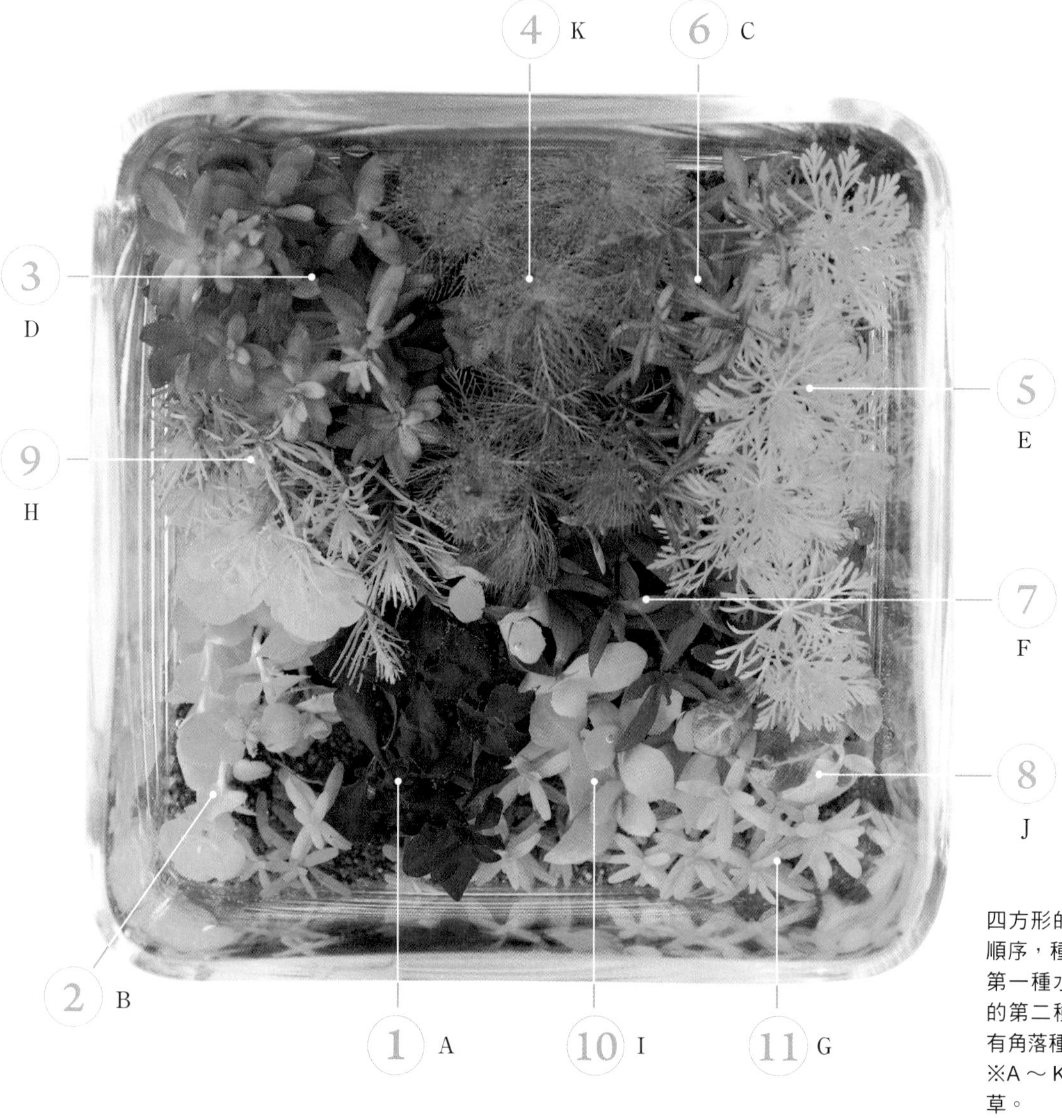

四方形的容器裡按①～⑪的順序，種滿 11 種水草。種好第一種水草後，接著種相鄰的第二種，然後再逐步把所有角落種滿。
※A～K請對照照片上的水草。

製造傾斜坡度的方法（使用沉木的情形）

1

把固體肥料放入容器裡，倒入清洗好的天然沙（高約 3 ～ 5 公分）。

2

用水彩筆把沙子表面整平，這時就開始做出斜度。

3

在容器中央斜斜地放置沉木。

4

在沉木後方添加天然沙，繼續做出傾斜的坡面。沉木扮演緩衝的角色，所以不用擔心沙子會往前塌。

5

用水彩筆把後景的沙子表面整平，才好種植水草。

6

坡面完成了。沉木可以埋得很深，也可以讓它露出來一點。緩緩地注水。

7

像種出各個區塊般逐一種植水草。前景與後景形成一道坡面，所以即使種植一樣高度的水草，也會自然呈現出遠近感。

第3課

侘寂之美的日式水草造景

「侘寂」（wabisabi）一詞代表日本的美學，
意指除去多餘之物的質樸、寂靜樣貌。
為了以水草造景來表現和風精神，
以最少程度的水草、沉木和石頭組合，
在簡約中創造出潤澤又沉穩的水景。
讓我們在玻璃杯裡想像一個小小的日本庭園吧！

右頁・組合水草、沉木、石頭，表現出和風世界（參考作品）

材料見第 35 頁。

上・組合一種水草和石頭

作法見第 30 頁。

下・組合水草和沉木

作法見第 32 頁。

作品7 以3個石頭和1種水草創作充滿流動感的水景

完成後可能讓人覺得美中不足，不過水草生長快速，所以要種少量，之後就能欣賞水景變化的樣子。

- **主要材料**

  黑土（棕色）

  固體肥料

  水草（牛毛氈）

  ＊這個作品要使用較短的類型。
- **容器尺寸**

  直徑 8 公分×高 9 公分

1

把固體肥料（1 塊）放入容器裡，再倒入土壤覆蓋住（高約 2～3 公分）。用水彩筆把後景的土堆高，做出坡度，並整平土壤表面。

2

這裡使用 3 顆石頭，石頭尺寸若有大中小的差別，就容易呈現變化。先放最大的，再用剩下 2 顆排出不等邊的三角形，便可取得平衡。

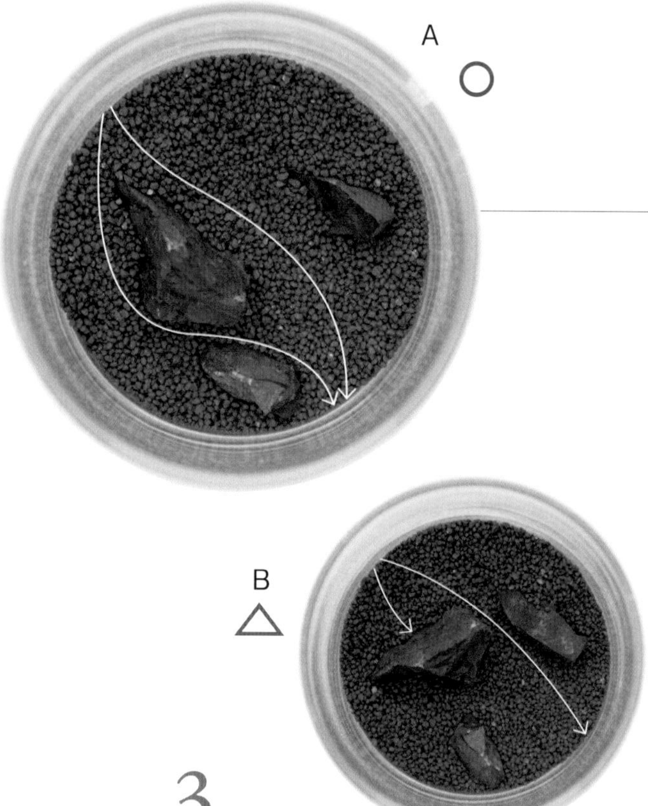

3

石頭的配置如圖，請自己決定石頭看起來最美的擺放角度，可以想像河川流動的方向。配置 A 的水能順暢流動於石頭間，但配置 B 的大石頭會阻擋水流，產生不協調的感覺。

4

緩緩注水，注意不要讓土壤或石頭崩塌。如果擔心的話，可以先用折成小塊的廚房紙巾蓋住，再倒水在上頭。

5

拿掉廚房紙巾，用水彩筆整平土壤表面。

6

細微的沙土會浮在水面上，把手指插入水裡，讓水溢出容器沖走塵土。

7

將手指插入水裡讓水溢出，以調節水量。這時請注意，不要觸碰到石頭。

8

在石頭周邊種植水草（牛毛氈）。用鑷子夾住水草一支一支種入土中。

9

把水草插深一點，以防脫落。慢慢放開鑷子。

石頭排好後，在石頭周圍種植少量的水草就完成了。第 29 頁左上的照片，是種植後過了一星期左右的樣子。

作品 8

在沉木上綁上水草呈現自然景色 欣賞水草生根、茁壯的樣子

先在沉木上纏繞苔蘚再插進沙裡，就能簡單呈現侘寂的意境。

- **主要材料**
  天然沙（棕色）
  固體肥料
  沉木
  鐵絲
  棉線
  水草（A＝袖珍小榕、B＝爪哇莫絲）
- 附生植物是天南星科和蕨類植物的同伴
- **容器尺寸**
  直徑 8 公分×高 9 公分

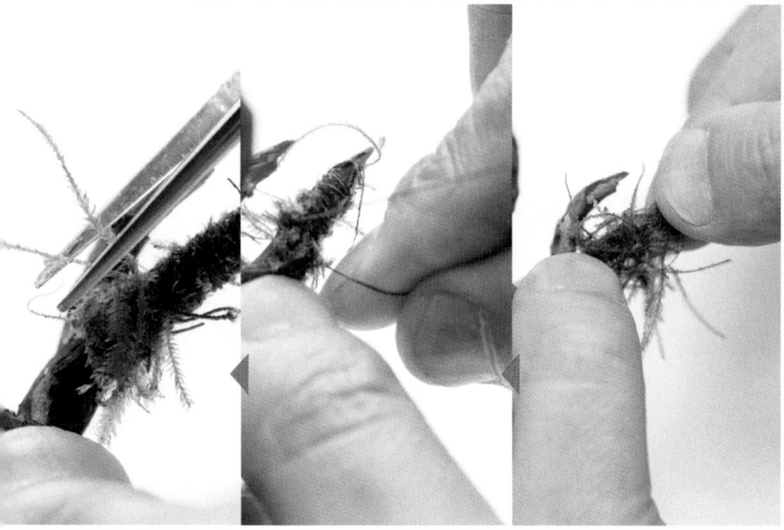

1

配合容器的大小折斷樹枝。這裡使用 3 枝沉木，在纏繞苔蘚或水草之前，先放入肥料和沙子，再把選好的沉木放進去，確認看看是否協調。

2

把爪哇莫絲纏繞在沉木上。取適量蓋住沉木，以棉線緊緊綁住，可以用嘴咬住棉線一端，比較好使力。綁好後打 2 次結剪線，可以剪掉多的爪哇莫絲來調整外觀。

綁線的方法

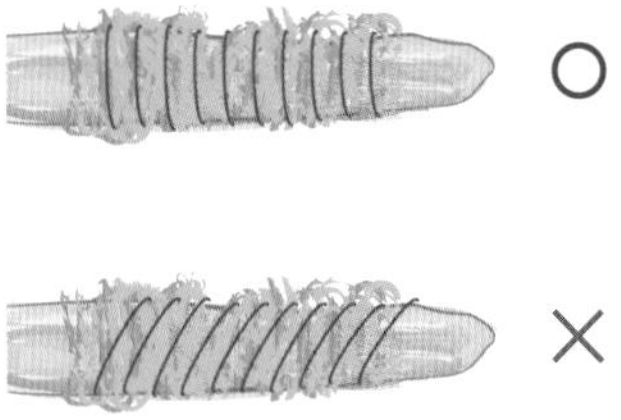

線要垂直纏繞在沉木上，斜斜地纏線容易鬆開。

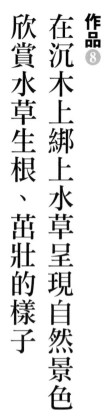

3

把水草株纏繞在沉木上。小的水草株包夾在沉木兩側，再用鐵絲把水草的莖和沉木綁起來。剪掉多餘的鐵絲，把切口折向沉木。

4

3 枝沉木準備好了。

5

用鑷子夾住沉木，插進沙子裡。先放好最大枝的，再一邊觀察均衡與否，把剩下的沉木插好。

6

注滿水，讓水溢出容器，沖走細微的沙塵。

7

把手指伸進水裡調整水位即完成。過了一、二個月後，水草會長出新的根，附著於沉木上。

作品9 在球型玻璃容器裡營造侘寂的世界觀

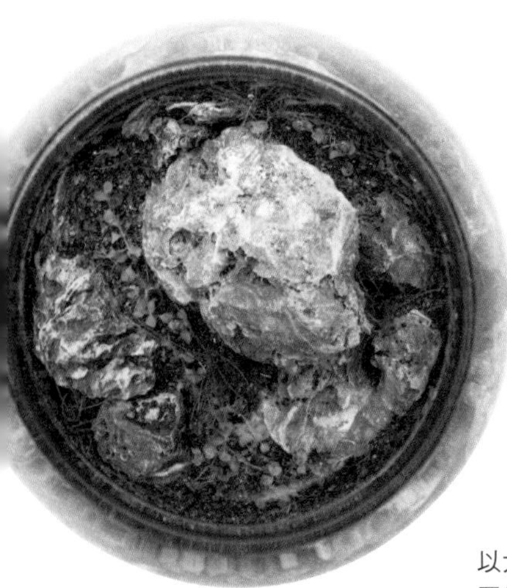

- **主要材料**
  天然沙（棕色）
  固體肥料
  石頭（龍王石）
  水草（A＝牛毛氈、
  B＝新大珍珠草）
- **容器尺寸**
  直徑 14.5 公分×高 11.8 公分

以大石頭為中心來配置，周圍放置較小的石頭，沿著石頭種植少量的水草，就更能襯托出石頭之美。

要創造侘寂的世界觀，少不了石頭和沉木，兩者都是經過漫長歲月洗禮的自然產物。只要使用這些材料，就能呈現出不造作的自然感。

作品⑪ 在小小水景中欣賞沉木、石頭、水草的和諧姿態

主要材料
天然沙（黑色）
固體肥料
沉木
石頭（松皮石）
水草（A＝牛毛氈、B＝澳洲天胡荽、C＝綠苔草、D＝綠宮廷草、E＝越南百葉、F＝南美紅色小圓葉、G＝綠松尾、H＝紅松尾）

容器尺寸
8.5 公分× 8.5 公分×高 8 公分

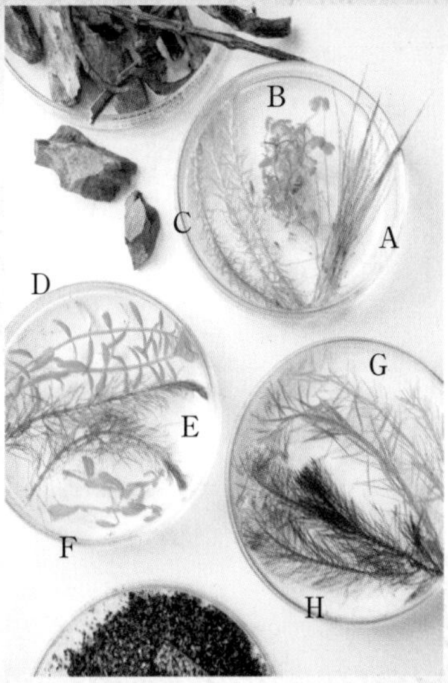

前景放置較多石頭，沉木凸出水面，呈現壯觀的印象。水草也選擇形狀相異的種類，就可欣賞水景中的變化。

第4課

創作出屬於自己的原創作品！

水草造景不只是在玻璃容器裡種植水草，只要賦予它主題，
就會產生另一番樂趣；
例如，在水中世界表現出身邊的自然景色。
要把宏觀的風景放入一個有限的空間裡，
觀察從何處取景、把重點放在哪裡就很重要，
如此才能做出獨一無二的原創造景作品。

早坂誠先生拜訪了位於東京都港區的國立科學博物館自然教育園。發現喜歡的風景就簡單速寫畫下來，或是拍張照片，對創作很有幫助。

接觸大自然 尋找水草造景的 創作主題！

不用去特別的地方，
就算是住家附近的公園，
身邊就有大自然。
不只看壯觀的風景，
還有樹林的形狀、河川的水流、
石頭和沉木的位置、苔蘚的生長程度等，
多注意細節，
一定能發現有助於水草造景的靈感。

速寫時可著重描繪風景中令自己印象深刻的部分，也可以只畫出樹木的相對位置和形狀。

不只看宏觀的風景 也要注意小細節

樹木的形狀、附著於大樹上的植物或青苔等，有很多主題可以用在水草造景上。

老師的背包裡總是放著照相機和速寫本，以便隨時記錄喜愛的風景。

發現拱門狀的大樹風景。降低視線的高度，即使看同樣的景色也有另一番味道。

走進大自然，發現風景如畫的地方，不要只是拍照，也盡量速寫下來。很多人說自己「不會畫畫」，其實只要自己看得懂就好，當成是在做筆記。這裡介紹幾個速寫時的重點，若無法速寫，就用拍照來記錄細節。

只畫需要的部分

速寫不用畫出全部的風景，經過觀察後，只要大致畫出印象深刻的地方就好。思考什麼地方美麗、哪些部分不需要，再截取自己所需的部分。這一點因人而異，可以是形狀奇特的樹木、附生在大樹上的青苔、纏繞枝頭的藤蔓或季節的花草等，這些會反映出每個人不同的特質。速寫時，重點不在於畫得正不正確，而是好好捕捉自己認為重要的要素。

描繪出景深

就水草造景而言，做出風景的深度很重要。前景的木頭大，後景的木頭小，就能辨別出前後的相對位置。

畫出肉眼看不到的東西

速寫時可以一邊想像模擬、自由發揮，像「這裡要是有條這樣的小徑就好了」、「這裡放顆石頭能醞釀出侘寂的感覺」等，也要把當下所感受到的事物畫下來。

●撮影協力／国立科学博物館附属自然教育園

作品11 用3枝沉木和2種水草打造出森林的景象

拍照截取下來的風景。乍看好像很複雜，其實很簡單，只要找出印象深刻的景物。為了容易了解，這裡歸納出3個重點（形狀奇特的樹、前景的竹葉、後景的蒼鬱樹林），來呈現水草造景的世界。

- 主要材料
黑土（棕色）
固體肥料
沉木
水草（A＝蘋果草、B＝小獅子草）
- 容器尺寸
直徑 12 公分×高 15 公分

1

簡單速寫風景。畫出印象深刻的景物，如樹木的角度、竹葉的樣子等。

2

把固體肥料（2塊）放入容器裡，倒入土壤（高約3～5公分），前景的土低一點，後景墊高一點，做出坡面。

3

參考速寫的風景，選擇適合的沉木插進土裡。觀察容器的大小和均衡感，可以適度增加些許土壤。

以水景表現自然的風景，就是像這樣的感覺。使用 2 種水草，以不同的形狀強調出變化。就算是同樣的風景，每個人創作出的風景都不一樣，很有意思。

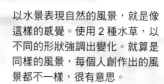

4

緩緩注水，決定水草（小獅子草）的高度。

5

為了模擬風景中的竹葉，選擇類似竹葉的水草，修剪高度。

修剪水草的方法請參閱第 13 頁。

種成一個三角形的區塊

6

在沉木的前方種植模擬竹葉的水草。注意，水草不要種得太靠近容器。

7

準備另一種水草（蘋果草）種在沉木的後方，營造出茂密的感覺。

8

往容器注滿水，讓水溢出沖走細微塵土，再用水彩筆整平土壤表面即完成。

作品⑫ 增加水草，豐富植被 同樣的風景別有一番風貌

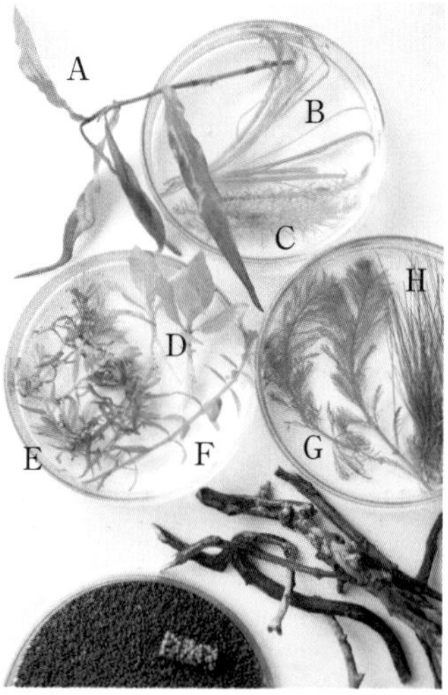

- **主要材料**
  黑土（棕色）
  固體肥料
  沉木
  水草（A＝一點紅、B＝針葉皇冠草、C＝綠苔草、D＝袖珍青葉柳、E＝牛頓草、F＝綠宮廷草、G＝綠羽毛、H＝牛毛氈）
- **容器尺寸**
  直徑 12 公分× 15 公分

這是第 40 頁風景的升級版。水草從 2 種增加到 8 種，更具深度感，呈現出截然不同的水景。

作品⑬ 以沙子呈現坡面，強調前景庭園和後景森林的遠近感

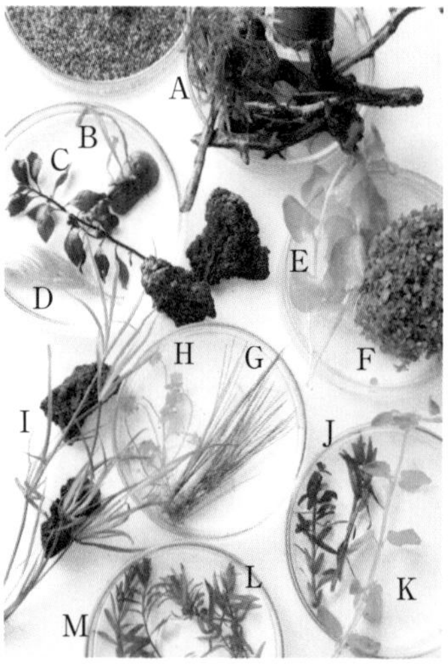

- **主要材料**
  天然沙（棕色）
  固體肥料
  沉木
  棉線
  石頭（熔岩石）
  水草（A＝爪哇莫絲、B＝細葉鐵皇冠、C＝玫瑰葉底紅、D＝金魚藻、E＝蘋果草、F＝新大珍珠草、G＝牛毛氈、H＝澳洲天胡荽、I＝赤焰燈芯草、J＝彩虹圓葉、K＝水薄荷、L＝牛頓草、M＝南美紅色小圓葉）
- **容器尺寸**
  12.5 公分× 12.5 公分×高 12 公分

前景是平地，後景是蒼鬱的森林。為了表現出前後的遠近感，前景盡量種植低矮的水草，後景多放置一些沉木，強調出變化。

作品14 使用了2種沙子 注意看，森林深處 有條蜿蜒的小徑

截取自大自然的風景裡，伸展到路邊的大樹形狀和林中小徑令人印象深刻。水景的路面使用兩種沙子，把水草綁在沉木上當成大樹，大膽營造出視覺動線。

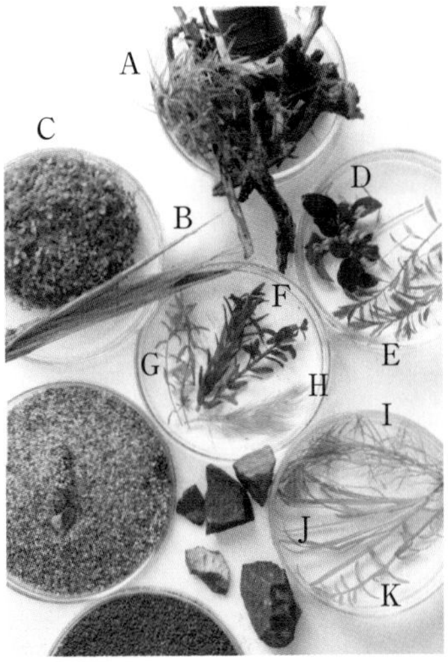

- **主要材料**

天然沙（棕色）
黑土（棕色）
固體肥料
沉木
棉線
石頭（山谷石）
水草（A＝爪哇莫絲、B＝牛毛氈、C＝新大珍珠草、D＝袖珍小榕、E＝南美紅色小圓葉、F＝紅宮廷草、G＝珍珠草、H＝金魚藻、I＝綠松尾、J＝針葉皇冠草、K＝綠宮廷草）

- **容器尺寸**

12.5 公分× 12.5 公分×高 12 公分

參考作品

屋久島的白谷雲水峽

石頭的排列讓人聯想到河川的流動，
有如風吹過水草間，令人為之神清氣爽。

以水草造景缸重現旅行時看到的風景
在實際的景色中加入回憶、嚮往或想像

屋久島是距離鹿兒島縣大隅半島約 60 公里處的小島。白谷雲水峽位於流經島嶼北部的宮之浦川支流——白谷川上游的溪谷。這裡經年受屋久島代表性的闊葉林所覆蓋，花崗岩的縫隙間可見大小瀑布流過。水草造景缸中，簡單呈現了溪谷的水流和茂密的森林。石頭的排列稍微複雜些，以模擬湍急的河川，左右兩旁以赤焰燈芯草讓森林看起來更蒼鬱，中央則空下來，讓人感受到風吹拂而過的爽快感。

參考作品

亞馬遜熱帶雨林

前景的植物和背景的樹林令人眼睛一亮，要連同往下俯瞰的景色一併欣賞

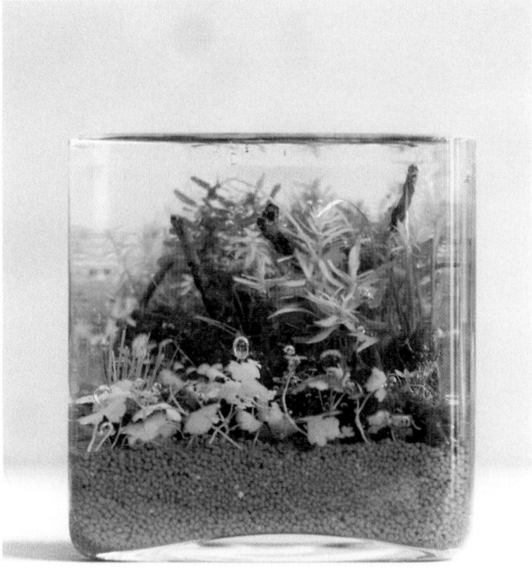

亞馬遜熱帶雨林分布於南美洲亞馬遜河流域，是世界上面積最大的熱帶雨林，簡稱亞馬遜。它的面積之廣，據說相當於地球上一半的熱帶雨林，橫越 8 個國家，60％在巴西境內，這張照片就是在巴西拍攝的。水草造景缸裡，代表照片前景大王蓮的是澳洲天胡荽，後方茂密的樹林以各種有莖水草呈現，大王蓮和樹林間的陸地則以綁上苔蘚的石頭來表現。濃縮了這麼多主題的水景，由上往下觀看就像在欣賞亞馬遜流域的景色一樣。

第5課

能同時欣賞水陸景象的水陸造景缸

水草是登上陸地的植物再次回到水裡，
所以許多水草都擁有陸上和水中兩種姿態，
有些甚至看起來就像不同品種的水草。
水草的魅力不只在水中，陸上的樣子也很有看頭。
可同時欣賞水中和水面上水草色彩、形態的水草造景，
稱為「水陸造景缸」。

生長在水中的葉子稱為沉水葉，
生長在水面上的葉子稱為挺水葉。
上圖是日本珍珠草的沉水葉（上）和挺水葉（下）。

關於水草的種類，請參閱第 15 頁。

印度大松尾的沉水葉（左）和挺水葉（右）。

紅宮廷草的沉水葉（左）和挺水葉（右）。

綠松尾的沉水葉（左）和挺水葉（右）。

水羅蘭的沉水葉（左）和挺水葉（右）。

玫瑰葉底紅的沉水葉（左）和挺水葉（右）。

羅貝力的沉水葉（左）和挺水葉（右）。

除了綁在石頭上的苔蘚，還使用了
3 種水草的沉水葉和挺水葉。可以
飽覽同種水草在水中與陸上的不同
姿態，大膽橫放的沉木也是視覺的
亮點。

作品15
以石頭和苔蘚區分水陸
中間種植水草
演繹出水岸的氣氛

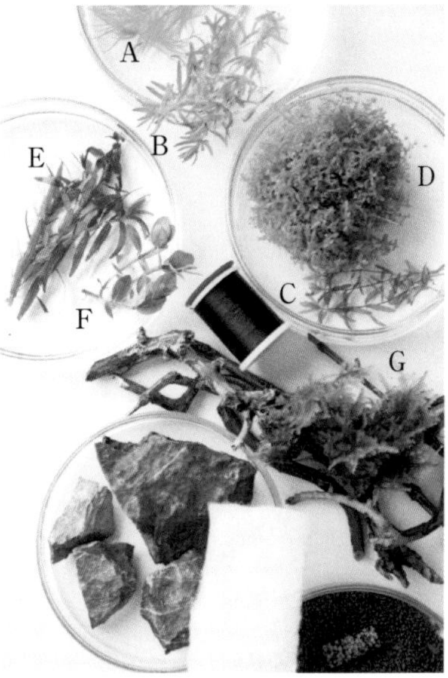

- **主要材料**

黑土（棕色）
固體肥料
沉木
石頭（龍王石）
棉線
羊毛氈
水草（A＝印度大松尾的沉水葉、B＝印度大松尾的挺水葉、C＝日本珍珠草的沉水葉、D＝珍珠草的挺水葉、E＝彩虹圓葉的沉水葉、F＝彩虹圓葉的挺水葉、G＝南美三角莫絲）

- **容器尺寸**

直徑 15 公分×高 16.5 公分

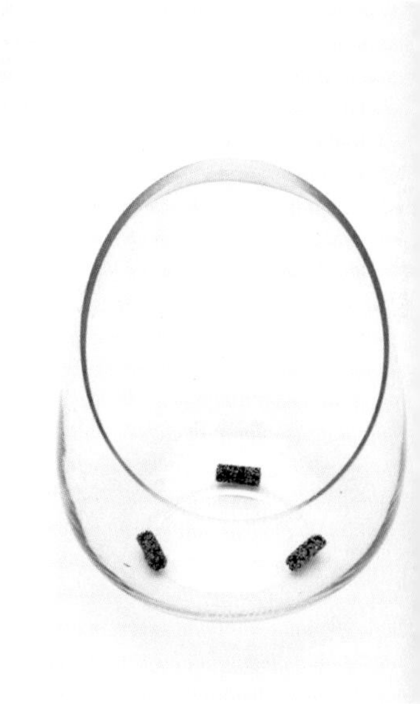

1

在容器裡放入 3 塊固體肥料，彼此之間間隔約 5 公分。

2

把土壤倒入容器中，蓋住固體肥料。

3

用水彩筆整平土壤表面，把後景的土稍微墊高。

4

土壤高度約 3 ～ 5 公分。製造坡面時，前景高約 3 公分，後景高約 5 公分的話，看起來就會均衡協調。

5

選出大小可蓋住石頭的苔蘚（南美三角莫絲）覆蓋在石頭上，用棉線纏繞綁好。加入苔蘚不僅可以看起來更自然，也能淨化水質。

● 苔蘚的綁法請參閱第 32 頁。

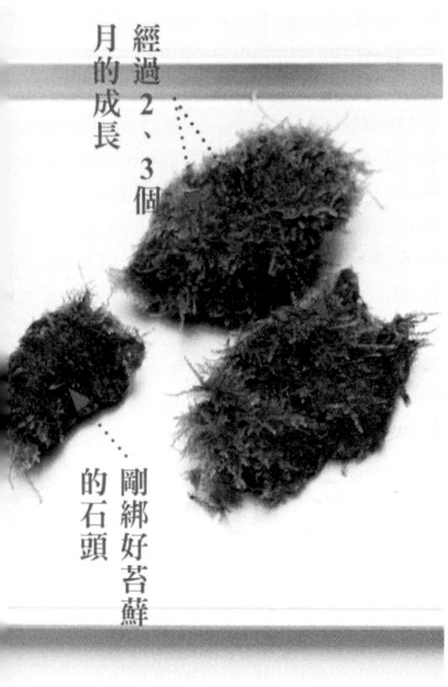

6

石頭綁上苔蘚的狀態。苔蘚會隨時間生長。選擇大小不一的石頭比較有變化。

7

把空間分成水中和陸上兩個區塊，把綁好苔蘚的石頭放在土壤上當作牆壁。苔蘚之間要放置較大的石頭。

8

為了不讓土壤塌坍，在苔蘚背面放置羊毛氈（不溶於水的材質，可在水草專賣店購得）當作擋土牆。

● 如果沒有羊毛氈，也可以用小石頭排列。

9

把土壤倒入容器後景，用鑷子輔助，把土壤撥進縫隙裡以蓋住羊毛氈。

這附近的縫隙用苔蘚補起來

10

在綁上苔蘚的石頭之間塞入苔蘚（南美三角莫絲），讓它和周遭的苔蘚融合在一起。

11

放置沉木和種植水草前的空間完成了。從前後左右看一下，確認土壤都有蓋好，注意是否有容易崩塌的地方。

12

讓沉木像是從地面伸出的樹根一樣，由上往下擺放，不要全都朝同樣的方向。訣竅是，稍微左右變換放置的角度。

13

在沉木之間放置小石塊。

14

以噴霧器全部噴溼，尤其是後景墊高的土壤，水不易滲透到裡面，所以要加強噴溼。

15

注水。如果朝土壤注水可能會沖出塵土，所以要朝苔蘚注水。

16

在水中種植沉水葉的水草。像珍珠草這麼細的植物，要幾支併在一起種，生長後就會變得很茂盛。可以沿著石頭種植，效果更佳。

17

陸上則種植挺水葉。方法和水中一樣，不過因為沒有水造成的浮力，更容易進行。有莖草的印度大松尾要稍微摘除底下的葉子再種植。

● 水草的種法請參閱第 13 頁。

18

完成。可以欣賞沉水葉和挺水葉每日的生長姿態了。

作品16 大膽立起沉木 製造出躍動感 營造狂野的整體氛圍

就算使用同一款容器，若造景的方式不同，整體呈現的效果也會不一樣。這個作品使用了岩石般的大石頭，凸出容器的沉木看起來氣勢非凡，水草的數量也增多，整體上更為欣欣向榮。另外，種植後（右圖）約一個月，水草生長茂盛後，又加種了田字草，顯得更自然了。

- **主要材料**

黑土（黑色）
固體肥料
沉木
石頭（龍王石）
棉線
羊毛氈
水草（A＝爪哇莫絲、B＝寬葉太陽草、C＝赤焰燈芯草、D＝珍珠草、E＝針葉皇冠草、F＝袖珍小榕、G＝水八角草、H＝印度大松尾、I＝澳洲天胡荽）

- **容器尺寸**

直徑 15 公分×高 16 公分

第6課

水草與生物的合奏

魚兒優游在玻璃所隔離的空間裡，
光看就覺得好舒暢，
心情也隨之神清氣爽。
要同時欣賞水草和魚兒，
就得在水中打造
能讓魚自在游動的空間，
因此，要先決定好養什麼魚類。
魚兒的習性是
在上方或下方的空間活動，
會影響種植的水草和配置的方式。

以白金水針為例，若是魚經常游到上方，水草就要種短一點，空出上層的空間。

❧ 作法見第 56 頁。

（右頁）參考作品

優游在中間的大帆月光燈是有點膽小的小型魚，總是成群結隊穿梭於水草之間。種植茂密水草的時候，空出中層的空間是訣竅。

作品 17

若魚習慣游在上層就空出上方空間前後種植色彩深淺不一的水草演繹出空間的變化感

- **主要材料**
  天然沙（黑色）
  固體肥料
  石頭（松皮石）
  水草（A＝帕夫椒草、B＝較短類型的牛毛氈）
  魚（白金水針）
- 另備水質穩定劑、調羹等。
- **容器尺寸**
  11 公分× 28.5 公分× 8.8 公分

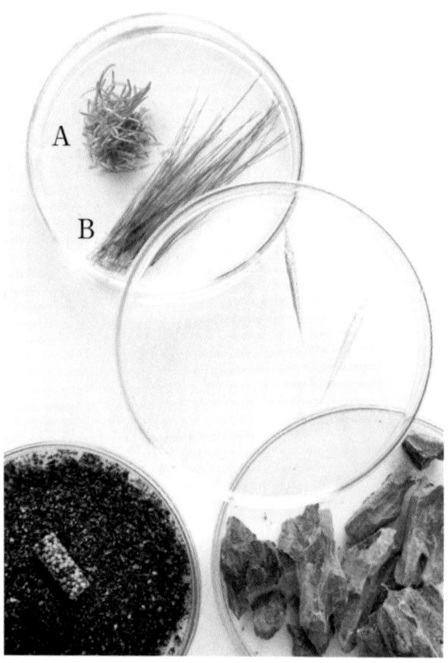

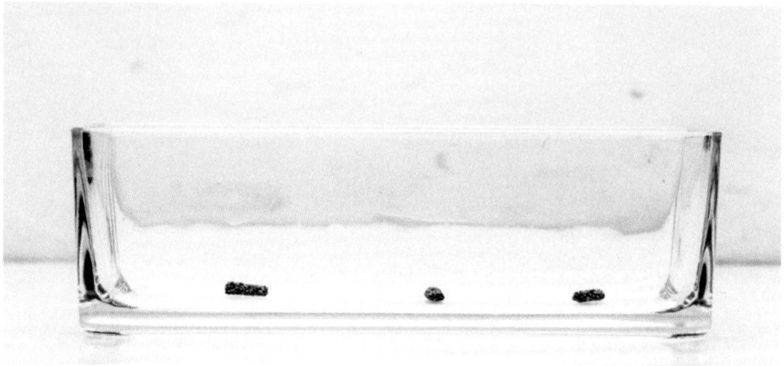

1

把 3 個固體肥料放入容器裡。

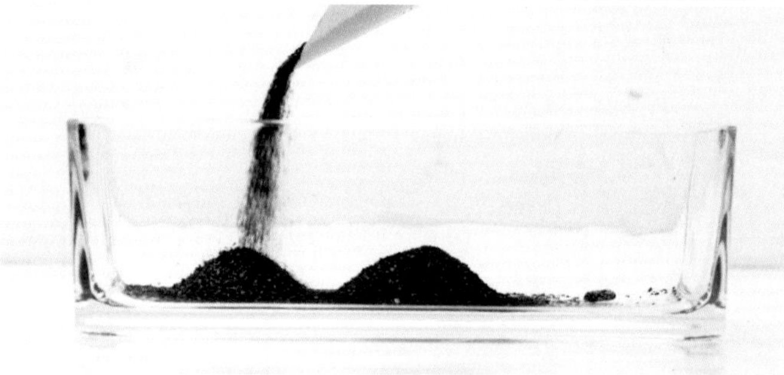

2

倒入沙子覆蓋住固體肥料。因為要飼養的魚是白色的，為了增加顏色的對比度，這裡採用黑沙。

3

用水彩筆整平沙子的表面。

4

沙子的高度通常以 3 ～ 5 公分為準，但因這個容器不深，沙子也不要太高（約 2 公分）。

5

使用狹長的容器時，要想像水流的方向來排放石頭。美觀的祕訣是讓石頭排列起來有連貫性。重排幾次都沒關係，請多方嘗試看看。

6

在容器的後景添加沙子，做出起伏，再用水彩筆把表面整平。

7

注水，把淺綠色的水草（牛毛氈）種植在後景的石頭間。

先把水草剝成小株比較好種，這樣也容易長出新的根，所以盡量剝開後再種。

8

接著，把顏色較深的水草（帕夫椒草）種植在石頭前面。

9

完成只有水草的造景水草缸。水草分成前後種植，以形成對比。水草還會再生長，所以密度將隨時間而增加。

換水時也別忘了加水質穩定劑

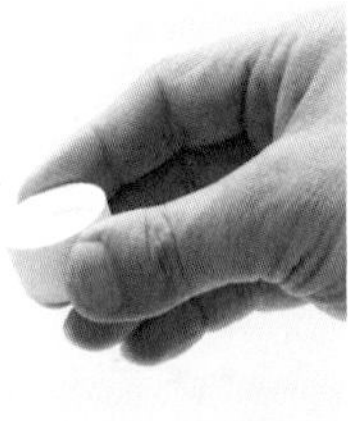

10

放入魚兒之前，先在水裡加適量的水質穩定劑，分解自來水中的氯。

● 自來水含有氯、石灰，雖然對人體無害，對小型魚卻有害，因此必須加入水質穩定劑中和水中的氯。水質穩定劑的用量隨品牌而異，請詳閱說明書後再使用。如使用可去除氯的淨水器，就不用再加水質穩定劑。

11

準備魚。魚以 1 公升的水養 1 條魚為基準。先把魚放入水盆中，再用調羹舀起放入水草缸。

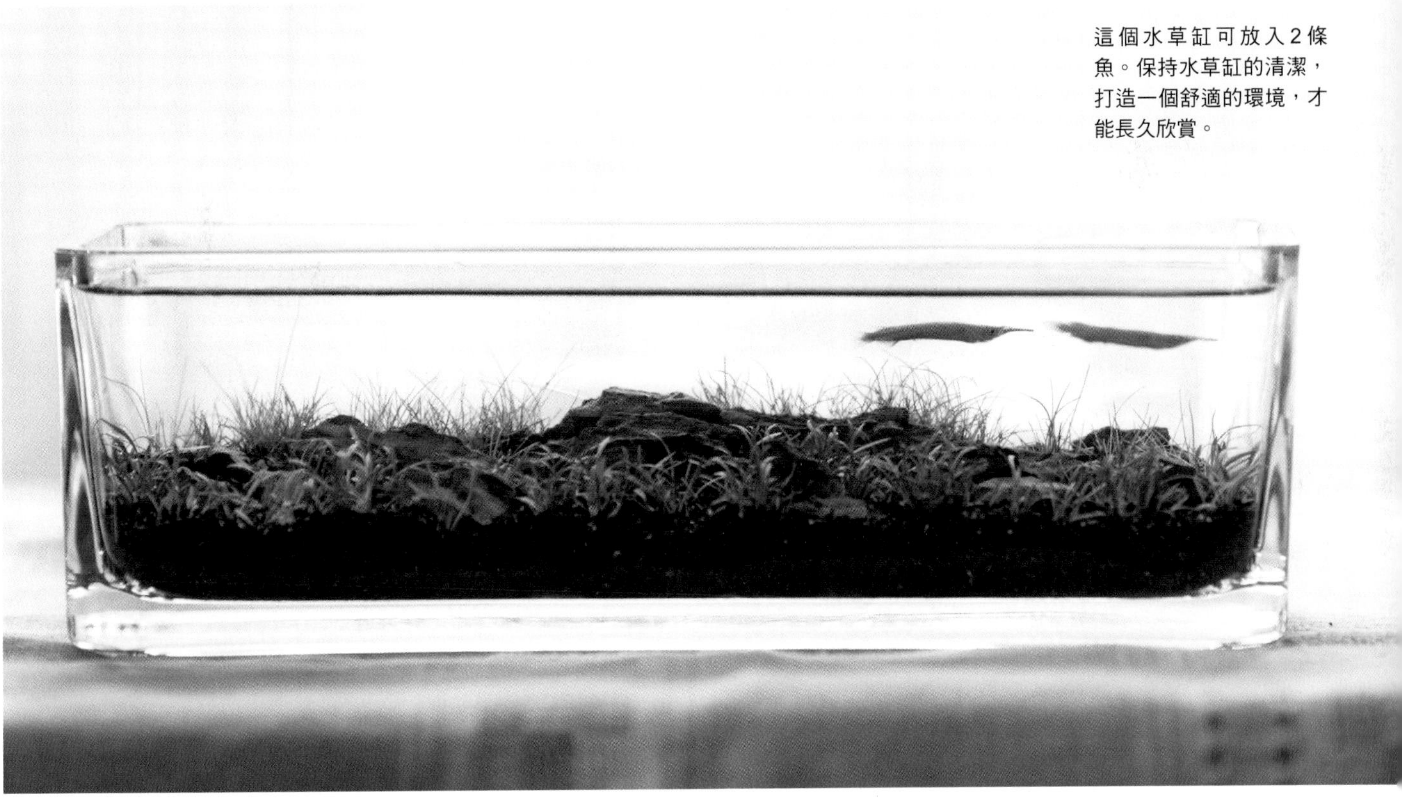

這個水草缸可放入 2 條魚。保持水草缸的清潔，打造一個舒適的環境，才能長久欣賞。

關於魚飼料

水族用品店或水草專賣店有賣魚吃的飼料，可以先換裝入瓶子，更便於使用。盡可能每天餵少量（魚吃得完的量）的飼料。

作品18 若魚喜歡在底下游，就空出底部空間 以石頭和水草打造出簡約的環境

- **主要材料**
  天然沙（棕色）
  固體肥料
  石頭（山谷石）
  水草（牛毛氈）
  魚（黃帶短鰕虎）
- 另備水質穩定劑、調羹等
- **容器尺寸**
  直徑 8 公分×高 10.5 公分

充滿穩定感的酒杯，呈現出水草與水中生物的小小世界。黃帶短鰕虎的習性是在下方游，所以讓水草包圍住四周。為了襯托出魚兒，使用棕色的沙子，而黑色的石頭則為整體帶來集中視覺焦點的效果。

作品19 營造舒適的空間 享受有雨蛙為伴的生活

以水岸為主題的水陸造景缸。雨蛙大多棲息在陸上，所以要明確地區隔出水陸的高低空間。為了防止雨蛙跳出來，最好選用有蓋子的容器。

雨蛙時而攀附在玻璃上，時而爬樹，自由自在活動，讓人看不膩。雨蛙基本上愛吃活昆蟲，也可以餵食市售的鳥類或魚類專用的蟲飼料。

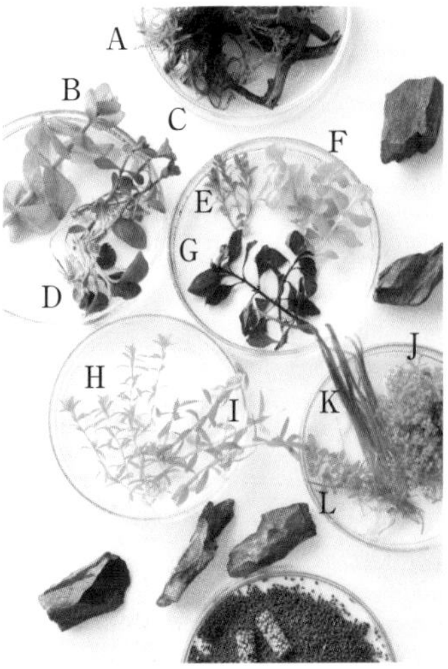

- **主要材料**
  黑土（棕色）
  沉木
  石頭（松皮石）
  水草（A＝爪哇莫絲、B＝虎耳、C＝水上葉底紅、D＝袖珍小榕、E＝綠松尾、F＝黃金錢草、G＝玫瑰葉底紅、H＝日本珍珠草的沉水葉、I＝綠宮廷草、J＝珍珠草的挺水葉、K＝針葉皇冠草、L＝大珍珠草）
- 另備雨蛙、水質穩定劑等。
- **容器尺寸**
  15 公分× 15 公分×高 24 公分

第7課

改造與應用

水草逐日不斷生長，
如果變得太茂盛，就大膽修剪吧！
此外，想變換造型或改種其他水草時，
只要加入石頭和沉木，就可能變為截然不同的水景。
以先前打造的水草造景為例，
為您介紹改造與應用的竅門。

作品20 整體生長太茂盛的水草 要剪掉過長的葉子

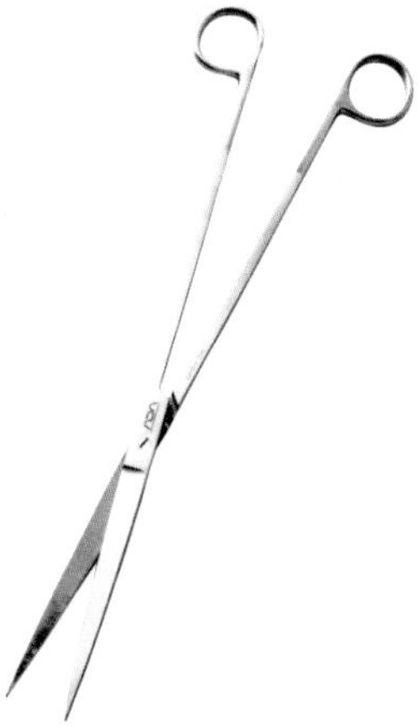

修剪時，只要是前端尖銳的剪刀都可以使用，不過也有專用的機能型剪刀，細長的刀刃（約26公分）可以伸進水深的地方。

右圖是第2課（第22頁）創作的荷蘭式水草造景。過了約2星期後，水草長成這樣。中央紅色水草的生長比其他水草緩慢，因此以它為基準來修剪其他水草。

1

剪刀直接伸進水裡處理修剪。

2

○

×

修剪過長的葉子。像A一樣留有前端的水草，可以種植在縫隙裡，但B的前端已被剪掉，只能等新芽從莖節冒出，因為兩者的生長速度會有落差，不易調整高度，最好乾脆地捨棄。

3

修剪前

修剪後

整體修剪過後，看起來清爽多了。每當水草長得太茂盛，就要反覆修剪，才能維持美麗的水景。

作品21

將單支植栽改成3株 改變水景的風貌

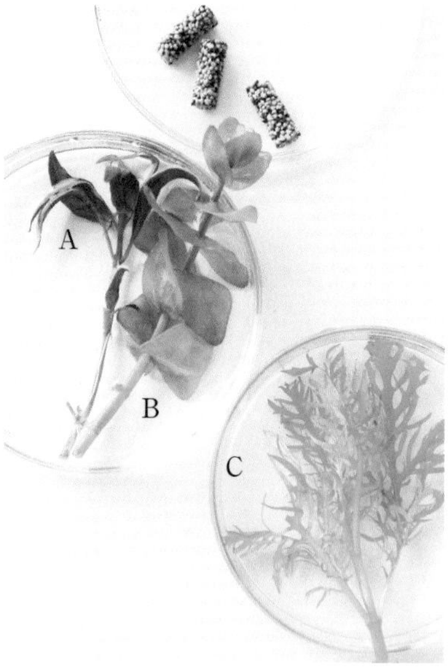

右圖是第 1 課（第 16 頁）種植的單支植栽。因容器的空間足夠，改種 3 支水草。除了綠色植物之外，加入紅色或偏黃色的植物會看起來更加華麗。

主要材料

固體肥料

水草（A ＝大血心蘭、B ＝虎耳、C ＝水羅蘭）

1

用鑷子從根部夾起之前種的水草（皇冠草）。水草已長出新的根，所以移種到其他容器中。

2

拔出水草的地方變得凹凸不平，用水彩筆把沙子表面整平。

3

把新的固體肥料埋進沙裡。配合容器的大小，這裡使用 3 塊固體肥料。

4

種植第一株水草（水羅蘭）。水草全部種好後，若能呈現一個三角形區塊，就能取得平衡，所以要分別種在三角形的頂點。

5

確認水草的長度，種植第二株水草（大血心蘭）。

6

和第一株水草重疊的地方看起來沉重，所以把重疊部分底下的葉子剪掉。

7

種植第三株水草（虎耳）。

8

第三株水草也和第一株水草重疊，再次剪掉底下的葉子，讓它看起來較清爽。

9

完成改造。因水草生長迅速，剛完成時葉子最好不要互有重疊。從上方觀看，可以看出水草種成三角形。

作品22 修剪過長的水草 加入沉木與石頭重新種植

第 4 課（第 40 頁）製作的水草造景，過了 2 星期變得相當茂密。這時要修剪長得過長的水草或重新種植，或者加入石頭和沉木，稍微做點變化。

重新準備的物品
石頭（山谷石）和沉木。

1 修剪長得過長的水草

從莖節以上剪掉小獅子草

首先，把前景的小獅子草全部剪短，接著再把後景的蘋果草稍微剪短一點。如果還有太大的葉子，就盡可能剪得清爽些。修剪到從上方可以看見土壤的程度，之後重新種植的作業就會比較輕鬆。

加入沉木 2

修剪水草後，水景變得清爽多了，再加入 2 枝沉木。這個作品是取材自大自然的風景，可以邊看照片或速寫邊想像，來決定沉木的位置。基本上，沉木插在前景會有壓迫感，安排在既有的沉木之間看起來比較自然。

作品參考的主題風景

加入石頭 3

在修剪兩種水草、放入沉木和石頭之後，還有足夠的空間可以種植新的水草。

決定好要使用的石頭，放入水裡之前可以先試排一下。擺放石頭的訣竅，是呈現流動感的自然角度。實際動手擺放看看，看怎麼樣會比較平衡。原本的作品沒有使用石頭，所以只要加入石頭，水景就會煥然一新。

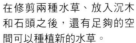

整理水草 4

剪下來的水草還要再經過修剪。修剪的重點是留下前端（5 公分左右），把底下的葉子處理掉。這裡使用的 2 種水草都是直直往上生長的類型，處理方式相同，可盡量剪短。
＊修剪水草的方法請參閱第 13 頁「種植水草的方法」。

種植水草 5

完成。上方空間變得清爽，下方則顯得茂密。此外，加入了沉木和石頭，看起來更有深度，富有變化。

把剪短的水草插入已種好的水草間隙填補起來。

水草造景缸的維護

為了能時時欣賞美麗的水草造景缸，必須要知道換水和清潔的訣竅。不用緊張，每天欣賞水草缸的同時，就是維護的時機。

檢查容器內側的髒汙

牙刷刷不掉的汙垢，再用免清潔劑的科技海綿擦拭就能去除。用鑷子夾住科技海綿，會更容易清潔。

玻璃容器的髒汙變得明顯時，先用牙刷洗刷內側去除髒汙。可以把牙刷的刷毛剪短，更容易施力。

使用白色石頭裝飾時，髒汙容易變得明顯。要是覺得取出清洗很麻煩，也可以用鑷子把石頭翻到乾淨的另一面。

換水時讓水溢出容器

先用水壺或寶特瓶裝水，再倒入容器讓水溢出來，直到水草缸的水變清澈為止。如果是小容器，可以直接拿到水龍頭底下注水。若是裡面有養魚等生物，如果沒有使用淨水器，就要先在水裡添加水質穩定劑再換水。另外，換水的頻率和髒汙程度有關，至少每星期要換水 2 次以上。

關於溫度控管

基本上，水草造景缸要放在通風陰涼處，避免陽光直射。理想水溫是攝氏 23 ～ 26 度，但台灣氣候高溫多溼，需要下點工夫照顧：盛夏時放入冰塊降溫，寒流來時則可以利用暖器加溫，盡可能延長水草欣欣向榮的狀態。

第8課 以禮物來交心

也許是在水中栽種植物的關係，
水草造景缸給人不適合當禮物的印象，
不過，只要親手交給對方就沒問題！
如果擔心漏水，可以先不要加水，
到現場再注水也是小小的驚喜。
裝在玻璃容器裡的翠綠水草
令人感覺新鮮又時尚，
一定能傳達出你的心意。
別忘了附上簡單的照顧與維護方法筆記喔！

作品23 附蓋子的小玻璃箱中裝著小小水岸世界

- **主要材料**
  黑土（棕色）
  固體肥料
  石頭（熔岩石）
  水草（A＝針葉皇冠草、B＝日本珍珠草）
- **容器尺寸**
  6.2 公分× 6.2 公分×高 5.3 公分

在小空間種水草時，水草的選擇也要配合容器的大小。水草太短容易脫落，所以種植時要一邊用手指壓住水草的頂端，確實插入土壤裡。

手掌大小的玻璃容器裡，裝著 2 種水草和石頭的造景，呈現小小的水景。用沙子做出稍有傾斜的坡度，並且墊高後景。

作品24 獨特又充滿玩心的燈泡型水草造景瓶

穩定感十足的燈泡型玻璃容器，是廣受歡迎的居家裝飾小物，放在盒子裡也很穩定，適合當作禮物。這種容器有大中小的尺寸，這裡使用的是中型。

以白色鵝卵石畫龍點睛的清爽成品。利用瓶子的形狀，把水草和沉木統整成拱形。

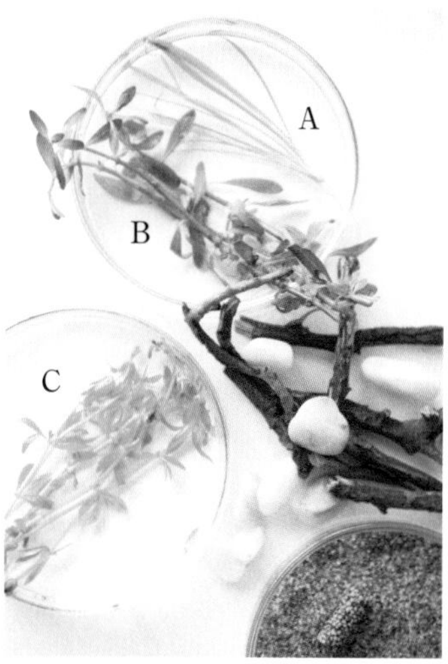

- **主要材料**
  天然沙（棕色）
  固體肥料
  沉木
  石頭（白鵝卵石）
  水草（A＝針葉皇冠草、B＝紅太陽水上葉、C＝越南趴地三角葉）
- **容器尺寸**
  瓶口 3.5 公分×高 17 公分

1

把固體肥料放入容器後，用漏斗倒入沙子，也可以把紙張捲起來或折起來代替漏斗。

2

倒入適量的沙子之後，用水彩筆把沙子表面整平。將後景墊高，做出稍微傾斜的坡度。

3

前景的沙子約 3 公分高度即可，因為要有坡度，後景要稍微高一點。

前景排較大的石頭
後景排較小的
如此就會有景深感

4

想像水的流向來排列白鵝卵石。由於要在中間做一條小徑，所以盡量把白鵝卵石鋪在外側。瓶口很窄小，若是較高的容器，使用長鑷子會比較好處理。

5

把沉木插在石頭外側。盡量選擇有彎度的樹枝，配合瓶子的形狀排列。如果沒有適當尺寸的沉木，可以把較長的沉木折斷成容易使用的長度。

6

沉木包圍著石頭，像形成拱形一樣。

7

緩緩注水，讓水溢出容器，直到水變清澈為止。如果朝較大的石頭注水，沙子就不易揚起。

8

把一隻手指伸進水裡讓水溢出，水位下降一點較容易種植水草。

● 也可以等注水後再插入沉木，依樹種的不同會有浮力作用。

9

在石頭外側沉木的空隙間種植水草。在容器正面的左側，逐一種下越南趴地三角草，葉子的方向要統一。

10

在越南趴地三角草的隔壁逐一種下紅太陽。

正面

背面

11

在容器正面的右側逐一種下針葉皇冠草，即完成。

作品25
水草微造景是居家裝飾的亮點 作為禮物也相當吸睛

用了 11 種水草的華麗水草微造景，適合當作紀念日的禮物。因為容器本身有高度，也適合用來妝點立食派對等場合。

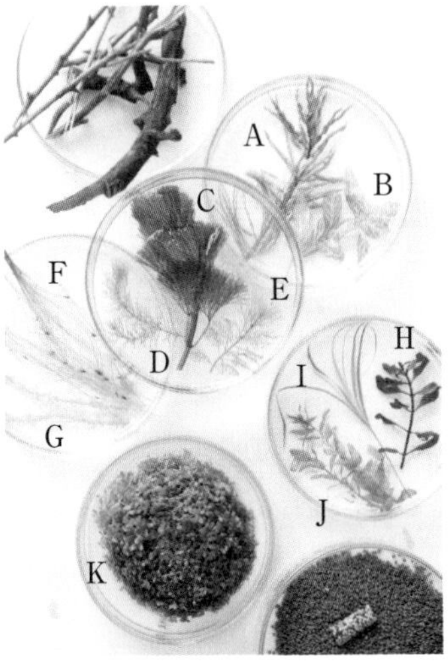

- **主要材料**

黑土（棕色）
固體肥料
水草（A＝龍捲風、B＝紅絲青葉、C＝紅菊、D＝迷你寶塔、E＝火盾、F＝大莎草、G＝綠苔草、H＝玫瑰葉底紅、I＝赤焰燈芯草、J＝青蝴蝶、K＝大新珍珠草）

- **容器尺寸**

直徑 18 公分×高 40 公分

從玻璃小盆景開始和植物建立新關係

在玻璃容器裡創造出小庭園般的空間，這種植栽藝術稱為「玻璃植栽盆景」（terrarium），起源可以追溯到十九世紀前半。

西元一八二九年，英國倫敦一名醫生兼園藝家納薩尼爾．沃德（Nathaniel Ward）偶然發現，植物在密閉的玻璃容器裡長時間不澆水也能存活。這種小型的玻璃容器因此被稱作「沃德的箱子」。再後來，「terra」（土）和「aquarium」（水族箱）兩字合起來，變成「terrarium」這個名詞。

讓我們把歷史如此悠久的玻璃植栽盆景融入生活中，隨自己喜好的風格賞玩吧。這裡介紹的作品活用了多肉植物、空氣鳳梨和礦物等天然素材，在玻璃容器裡自成一個世界，不同於一般盆栽，另有一番樂趣。

中山茜老師組合植物（多肉植物）和天然素材（水晶和瑪瑙），賦予它主題，所發表的原創玻璃小盆景。歡迎來到中山茜的小行星世界！

Terrarium

講師：中山茜

玻璃小盆景所需的材料和工具

本書介紹了種植多肉植物和空氣鳳梨的方法，它們使用的土壤種類其實並不相同，不過這裡介紹的是兩種植物可共用的基本用土。需要的用土量並不多，而且重新種植時也可重複利用，剩下的土也可以收起來。

玻璃容器

基本上，只要透明的容器都行，也可用手邊現有的玻璃容器，只要合乎植物所呈現出來的形象，作品就會賞心悅目。

多肉植物

多肉植物把水分儲存在體內，葉和莖都變得渾圓肥厚，並且有各式各樣的姿態，每一種都好可愛。

空氣鳳梨

空氣鳳梨就算沒有土也能生長，因而獲此名。它原產自美國南部及中南美洲，屬鳳梨科的植物，又名「鐵蘭」。

天然素材

和植物一起搭配使用的小物，是茜老師造景不可或缺的物品，有菊螺化石、礦石、貝殼、松果等。

好用的工具

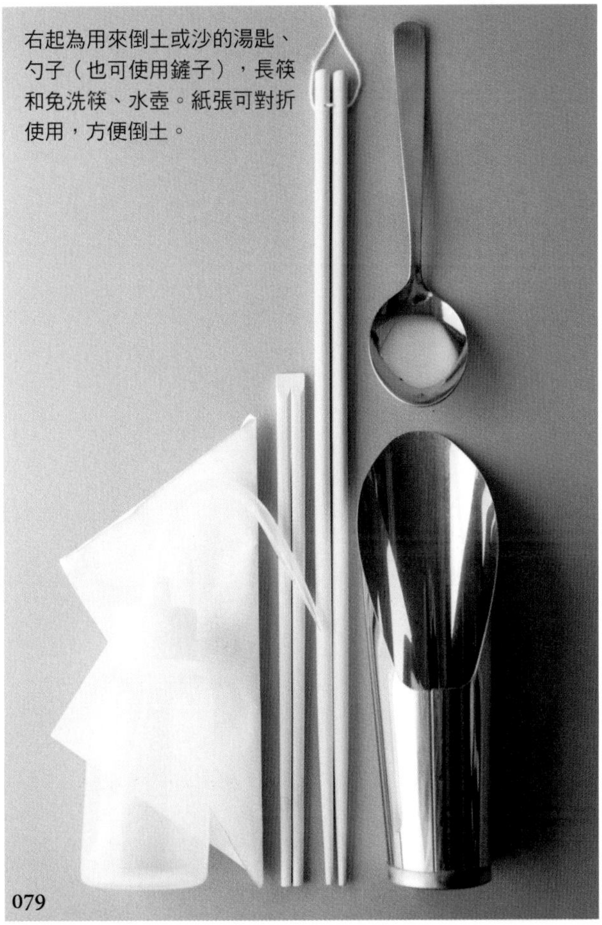

右起為用來倒土或沙的湯匙、勺子（也可使用鏟子），長筷和免洗筷、水壺。紙張可對折使用，方便倒土。

基本用土

多肉植物用的 4 款土。依序放入最上方的浮石（大顆）、赤玉土（中顆）和仙人掌／多肉植物專用土，再加入防根腐劑（左下的珪酸鹽白土）。

化妝沙

有珊瑚砂、木屑等，是使土壤表面平整的裝飾用沙。右邊二種（棕色和白色）是加水會凝固的類型，可澆水。

第　　課

能夠激發好奇心的奇特空間

玻璃小盆景依植物和玻璃容器的款式組合，
呈現出來的形象將大為不同。
如果有喜歡的容器，
就配合它來選擇植物，或者也可以反過來。
植物完全置於玻璃容器中，
不用擔心沙土漏出來，
可以放在任何地方作裝飾，移動起來也方便。
作法見第 82 頁

在簡約的玻璃容器裡種植小小植物的玻璃盆景，
和一般盆栽最大的差別在於容器底部沒有打洞，
因此，通風受到了限制，
適合種植喜好潮溼環境的植物（蕨類或苔蘚等），
或是喜好乾燥環境的植物，
本書選用了耐旱的多肉植物。
在雨季吸飽水分以捱過乾旱的多肉植物，
比一般植物更容易照顧，新手也能輕鬆上手。
不過，畢竟是植物，需要適度的陽光、空氣和水，
讓我們一邊學習多肉植物的基本知識，
開啟與植物一起生活的新關係吧！

作品 1

在較大的玻璃容器中只種植單株多肉植物欣賞留白之美的簡約玻璃小盆景

◉ 主要材料
Ⓐ＝多肉植物（龍城）
Ⓑ＝浮石（大顆）
Ⓒ＝赤玉土（中顆）
Ⓓ＝仙人掌／多肉植物專用土
Ⓔ＝防根腐劑
Ⓕ＝化妝沙（白色）

◉ 容器尺寸
直徑 9 公分
×高 12 公分

最後放入的白色化妝沙看起來很清爽，你可以視自己想要呈現的感覺來選擇化妝沙。

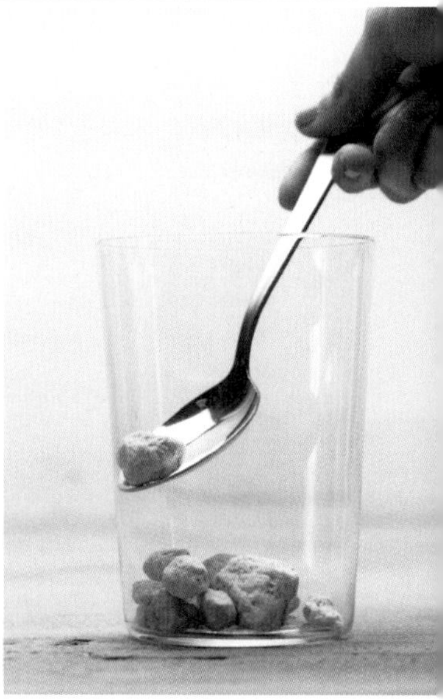

1

把浮石倒入容器裡，分量大約是看不見底部的程度。放浮石是為了確保透氣性。

2

再倒入赤玉土填補浮石的空隙。

◉ 也可以不放赤玉土，但為了能從容器側面欣賞美麗的土層，建議加入。

3

接著倒入仙人掌／多肉植物專用土，分量依容器大小而異，基準大約是容器三分之一的高度。

4

倒好適量的土之後，用湯匙在中央挖個凹洞，以便種入植物。

倒土的基本方法

本書介紹的多肉植物，皆以浮石、赤玉土、仙人掌／多肉植物專用土的順序造土種植，因此可以從容器側面欣賞美麗的土層。仙人掌／多肉植物專用土為市售產品，講究的人也可自行調配，用量約達容器的三分之一高度即可。一開始可以倒少量一點，之後再追加。

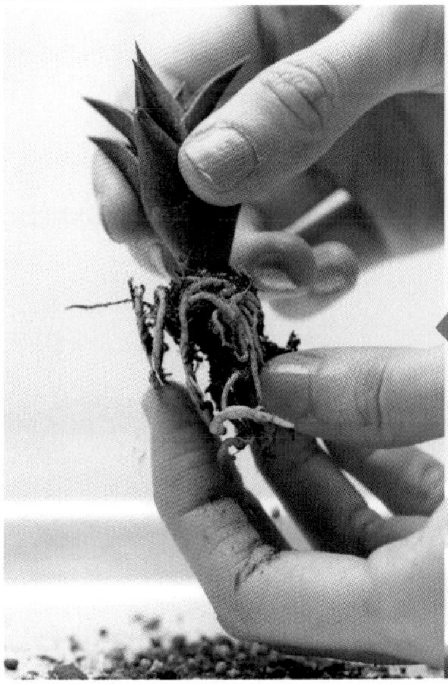

5

把植物從原本的容器移出，用手指稍微撥掉附在根上的土壤。

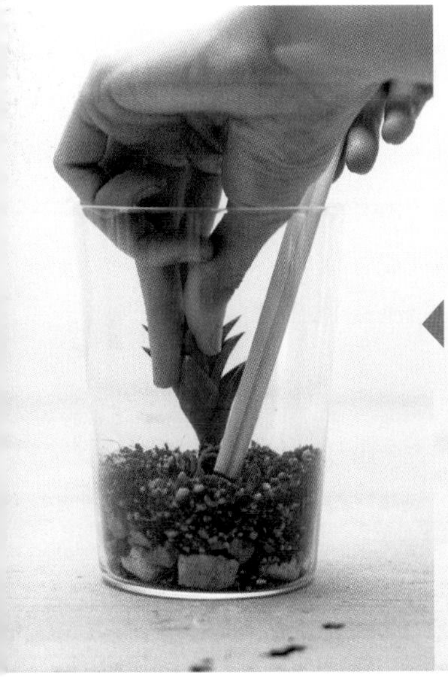

6

用免洗筷或鑷子把植物夾到欲種植的位置，再用另一隻手輕輕壓住植物，並把土壓實。

多肉植物的澆水法

用開口小一點的水壺澆水
土才不會揚起

姿態千奇百怪、顏色鮮豔的多肉植物為了在乾燥的環境下存活，根、莖、葉都演化成肥厚的樣子。隨種類的不同，有的多肉植物喜好乾燥，有的喜好些微潮溼的環境。另外，多肉植物依生長的時期，可分成「春秋生長」、「夏天生長」、「冬天生長」三種類型，其餘的時間則處於休眠狀態，有的品種甚至好幾個月都不用澆水，購買時請確認是哪種類型。另外，基本上多肉植物不必常澆水，等葉子出現皺紋，土壤完全乾燥時再澆水即可。種在玻璃容器裡的話，可輕易觀察土壤的狀況，所以很方便。澆水時，慢慢澆到根部沾溼的程度為止，並放置在通風的地方。

7

拿一張長方形的紙，從對角線對折做成紙鏟。你也可以使用現成的鏟子，但紙鏟不容易漏土，也方便把土倒在狹窄的地方。

8

用湯匙把土舀到紙鏟中間。

9

在植物四周少量多次倒土。

10

用免洗筷把土壤壓實。土不夠的話可以追加，再用免洗筷壓實，讓整體穩固。

用另一隻手壓住植物的頂端，
就不會晃動

從白土冒出頭的植物，宛如鑲在畫框裡。有玻璃包覆周圍，土不會漏出，可以安心裝飾任何地方。
右邊的多肉植物是小米星。

防根腐劑

11

加入防根腐劑。

12

一邊轉動玻璃容器，一邊倒入化妝沙鋪滿整個表層。

化妝沙的量約1公分高

13

用免洗筷把化妝沙壓實即完成。
◉ 一般盆栽通常會在最後澆大量的水，但多肉植物不可以馬上澆水，而要先觀察一星期左右。

配合植物的形狀 選擇容器

作品2 匍匐生長的植物 適合種在較高的玻璃器皿裡

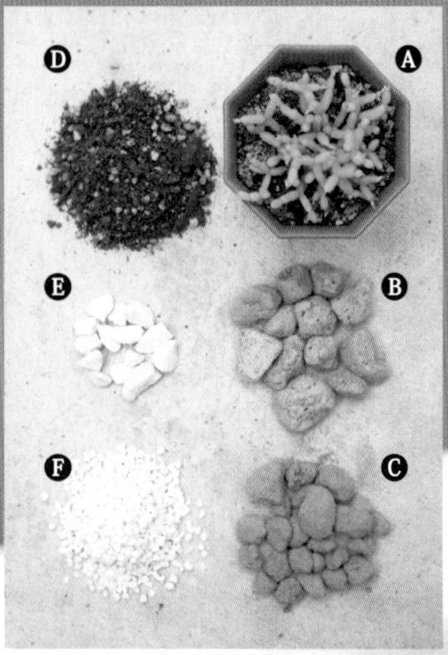

◉ 主要材料
- Ⓐ＝多肉植物（青柳）
- Ⓑ＝浮石（大顆）
- Ⓒ＝赤玉土（中顆）
- Ⓓ＝仙人掌／多肉植物專用土
- Ⓔ＝防根腐劑
- Ⓕ＝化妝沙（白色）

◉ 容器尺寸
（底）直徑 9 公分×高 14 公分

採用較深的容器時，用長筷來整土會比較方便。種植方法同第 82～85 頁。因為容器形狀不規則，土的用量到器皿把手下方的位置，看起來就會均衡。

利用廚房用的玻璃器皿做成的植物盆景，適合放在廚房或餐桌上裝飾。即使是忙碌的早晨，也能被粉嫩的翠綠植物所療癒，喘一口氣。

作品3 垂墜生長的植物 以吊掛的方式營造飄浮感

◉ **主要材料**

Ⓐ＝多肉植物（大弦月）
Ⓑ＝浮石（大顆）
Ⓒ＝赤玉土（中顆）
Ⓓ＝仙人掌／多肉植物專用土
Ⓔ＝防根腐劑
Ⓕ＝木屑

◉ **容器尺寸**

（底）直徑 14 公分×高 26 公分

很特別的水滴形容器，側面有一個孔洞，可以用湯匙由此處放土，種植植物。

這個玻璃容器被設計成擺放和吊掛兩用，若是種植垂下生長的植物，便適合吊掛。容器本身很有存在感，吊在窗邊會成為室內裝飾的重點。這個作品配合瓶口繩子的顏色，使用木屑作為化妝沙，呈現些許狂野的風格。

以化妝沙提升質感

作品4

杯緣很可愛的玻璃杯
以珊瑚砂呈現優雅氣氛

◉ 主要材料

- Ⓐ＝多肉植物（聖王丸）
- Ⓑ＝浮石（大顆）
- Ⓒ＝赤玉土（中顆）
- Ⓓ＝仙人掌／多肉植物專用土
- Ⓔ＝防根腐劑
- Ⓕ＝珊瑚砂

◉ 容器尺寸

直徑 9 公分×高 13 公分

仙人掌是莖部特別發達的代表性多肉植物。大部分仙人掌的葉子都演化成針狀，以防止水分散失。仙人掌要等土壤乾燥約一星期後，再澆水到根部沾溼的程度為止。

表層鋪了珊瑚砂，看起來更時尚。仙人掌的姿態宛如雕像，不管從旁邊、上方看都美麗。

◉ 主要材料

A＝多肉植物（姬鉾）
B＝浮石（大顆）
C＝赤玉土（中顆）
D＝仙人掌／多肉植物專用土
E＝防根腐劑
F＝化妝沙（黑色）

◉ 容器尺寸

直徑 9.8 公分×高 12 公分

作品5 若是使用燒杯就以黑沙來強調冷酷剛硬感

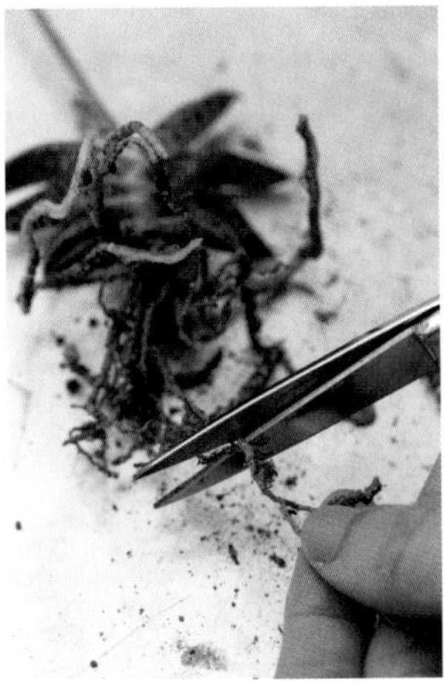

如果根太長，就稍微修剪再種。

做實驗時用的燒杯也是廣受喜愛的玻璃盆景容器。燒杯的杯口寬，外型也很穩定，容易種植。因為給人做實驗的印象，可以選擇外形剛硬的植物，以黑色的沙土製造俐落的氛圍，適合作為送給男性的禮物。

第2課

知性賞玩大人的創意巧思

～天然素材之美～

memo

關於礦物

礦物是石頭的一種，打從地球存在於宇宙時，就不斷製造地球表面與地殼，打造出適合動植物居住的環境。相較於精雕細琢的華麗寶石，礦物仍帶有傷痕或雜質，有著原始的姿態。本書介紹的礦物，都以能在雜貨店或百圓商店購得的為主。

宛如透明的多肉植物（姬玉露）可以搭配清透水潤的天然素材，如D螢石、E水晶、F方解石等。

翠綠色的植物（小米星）搭配淺色或綠色系的天然素材，看起來很清爽，如A山毛櫸的果皮、B孔雀石、C瑪瑙（染色之物）等。

仔細觀察多肉植物，會發現
它們的形狀很不可思議。
有的葉子呈螺旋狀，
有的左右對稱，或重疊成十字。
仙人掌大多是正多邊形的形狀。
這種造形之美
與礦物、化石、貝殼、橡實一樣，
都是經大自然長時間演化而成，
有別於人造之物。
現在就來挑戰看看，
結合這些植物和天然素材的玻璃小盆景吧！

葉子線條俐落的植物（龍城）
搭配單調的天然素材，
顯得帥氣有型，
如 G 水晶與鎢錳礦的共生石、
H 黃鐵礦、I 煙水晶。

色調柔軟的植物（雷神柱）
適合清爽白色系的天然素材，
呈現自然的氣氛，
如 P 和 O 貝殼、Q 海膽化石。

濃濃秋色的植物（仙人之舞）
與顏色相近的天然素材，
統合成暖色系的沉穩風格，
如 J 貝殼、K 螢石、L 鈣鐵榴石、
M 乾燥松果、N 核桃殼。

享受植物和天然素材搭配的樂趣

只要留意配色和想要呈現的形象，
作品就會非常美麗。
搭配天然素材的重點是，
從正面看時沒有物件被擋到。
植物與二、三種素材的組合最恰當，
還有，貝殼或礦物擺放的角度
要能襯托出形狀之美。
此外，只要更換天然素材，
植物的氛圍也會改變，
建議想換造型時可以嘗試看看。
就讓我們先以輕鬆的心情大膽玩吧！

- **植物**
  兩大片葉子的搶眼多肉植物（小公子）
- **天然素材**
  結晶很美的鮮藍色水矽釩鈣石
- **其他**
  浮石（大顆）、赤玉土（中顆）、仙人掌／多肉植物專用土、防根腐劑、化妝沙（褐色）
- **容器尺寸**
  直徑 7.3 公分×高 13 公分

作品6 有透明感的植物和水晶呈現優雅的氣氛

穩定感十足的低矮容器裡，種了葉尖透明的植物，再搭配晶瑩的水晶。容器表面的空間寬敞，也能感受留白之美。◎作法見第 94 頁。

作品7 講究容器、植物、天然素材的形態

容器是有腰身的特別造型，植物外形像分趾襪般的有趣，礦物同樣利用它的形狀來為盆景畫龍點睛。褐色系的化妝沙營造出沉穩的氣氛。

◉ **植物**
會往上長高的綠色柱狀仙人掌（龍神木）
◉ **天然素材**
螺貝和表面光輝像是魚眼而得名的魚眼石，有各種顏色
◉ **其他**
浮石（大顆）、赤玉土（中顆）、仙人掌．多肉植物專用土、防根腐劑、化妝沙（白色）
◉ **容器尺寸**
直徑 8 公分×高 15 公分

◉ **植物**
缺乏色素而變白的多肉植物（白樺麒麟）
◉ **天然素材**
形狀特別的漂流木、螺旋狀的鸚鵡螺化石
◉ **其他**
浮石（大顆）、赤玉土（中顆）、仙人掌／多肉植物專用土、防根腐劑、化妝沙（白色細沙）
◉ **容器尺寸**
直徑 7 公分×高 21 公分

作品 9 以淺色調營造出溫柔質感

植物的綠搭配天然素材的綠色及粉綠色，降低了彩度，成為柔和的淺色調。白色化妝沙更增添清爽感。

作品 8 仙人掌和鸚鵡螺化石的史前氛圍

為了配合顏色特殊的多肉植物，以菊螺化石和漂流木來搭配。表層覆蓋細沙，營造出沙漠感。為了避免讓植物太過悶熱，平時要打開瓶蓋。

作品❻的作法

淺綠色的植物和半透明的礦物很協調。懂得搭配顏色和質感，也是一大重點。

◉ **主要材料**

Ⓐ＝多肉植物（姬玉露）
Ⓑ＝水晶杵體（在稱為母岩的石英上集結了許多柱狀水晶）
Ⓒ＝雙尖水晶（水晶一般是呈六角柱的一端尖銳，這種為兩端尖銳）
Ⓓ＝浮石（大顆）
Ⓔ＝赤玉土（中顆）
Ⓕ＝仙人掌／多肉植物專用土
Ⓖ＝防根腐劑
Ⓗ＝化妝沙（白色）

◉ **容器尺寸**

直徑 9 公分×高 13 公分

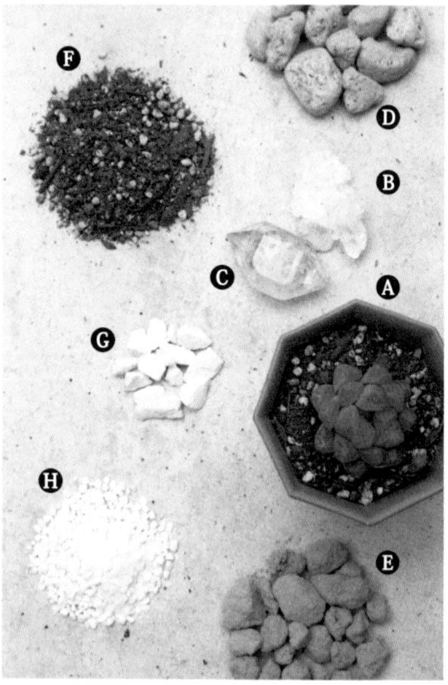

1

放入浮石遮蓋住底部，再加入赤玉土，用湯匙整平表面。

2

倒土。

3

用湯匙把土壤整平，從正面觀看決定種植的位置，在那個地方挖個凹洞。

4

把植物移出原本的容器，稍微撥掉附在根上的土。

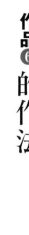

5

在預想的地方放置植物看看。如要呈現植物的正面，就讓植物稍微往前傾。

6

預排 2 種礦物，確認擺放的位置。這裡共使用 3 個的植物和礦物，從上方觀看呈三角形的話，就能取得平衡。

7

暫時把礦物拿出來，再加入一點土讓植物穩固。

8

用免洗筷把土壤壓實。

9

把防根腐劑撒在整體表面。

10

倒入化妝沙蓋住防根腐劑，用免洗筷把土壤壓實。

11

放入礦石。可以就這樣放著，也能插進土裡，插進土裡會比較穩固。

12

完成。植物和礦物組合在一起，彼此產生新關係。

貼上標籤就像標本盒

植物與天然素材的組合就是很協調

memo

搭配天然素材的玻璃小盆景，要特別注意放置的地點和澆水的問題，因為有些礦物或化石不宜碰水，直射陽光也可能造成變色。若有不宜碰水的天然素材，就用壺嘴細小的水壺澆水，盡量不要澆到天然素材上。不能陽光直射的物品，則要避免長時間曝曬。

植物搭配天然素材的 4 款玻璃小盆景。在完成的作品上貼標籤，光是這樣就讓人感覺好特別，像是變成了重要的寶物。

使用講究的手工標籤，並選擇適合的玻璃容器款式。標籤上寫著植物的學名、天然素材的名稱或原產地等。查過植物或天然素材有什麼特徵後，你會更加喜愛它。了解它們的基本特性，也是賞玩玻璃小盆景的方法之一，可說是一舉兩得！此外，第 8 課（第 130 ～ 135 頁）會介紹用玻璃小盆景當作禮物的方法，而禮物更是少不了標籤。除了名稱，還要附上澆水的方法等注意事項才貼心。

第3課

以玻璃植栽盆景賞玩文字的世界

在小小的玻璃容器裡，
植物盆景可以表現出各種故事。
小說或電影的一景、歌曲的歌詞等，什麼主題都無妨。
寫下自己想要呈現的關鍵字，
把它封存在玻璃小盆景的世界裡。
這裡以聖修伯里的名作《小王子》為例，
探索以玻璃植栽盆景呈現文學世界的樂趣。

閱讀《小王子》之後，
為了以玻璃小盆景來呈現故事，想像的重點如下：

1 顏色是紅色
2 形狀是玫瑰、凹凸、圓形
3 質感是乾燥

以此為本，製作出如下圖球形體的玻璃植栽盆景。
是否能感受到「我」和小王子彷彿在沙漠中對話呢？
✳《小王子》的作法和故事大綱請參閱第 101 頁。

作品10
球形玻璃容器
是小王子居住的小行星
以多肉植物擬作
好強的玫瑰
凹凸不平的珊瑚石
則是火山的意象

◉ 主要材料

Ⓐ＝多肉植物（紫紅卷絹）
Ⓑ＝珊瑚化石
Ⓒ＝霰石
Ⓓ＝海星
Ⓔ＝沙漠玫瑰石
Ⓕ＝浮石（大顆）
Ⓖ＝赤玉土（中顆）
Ⓗ＝仙人掌／多肉植物專用土
Ⓘ＝防根腐劑
Ⓙ＝化妝沙（白色）
Ⓚ＝細沙

◉ 容器尺寸

直徑 14 公分×高 14 公分

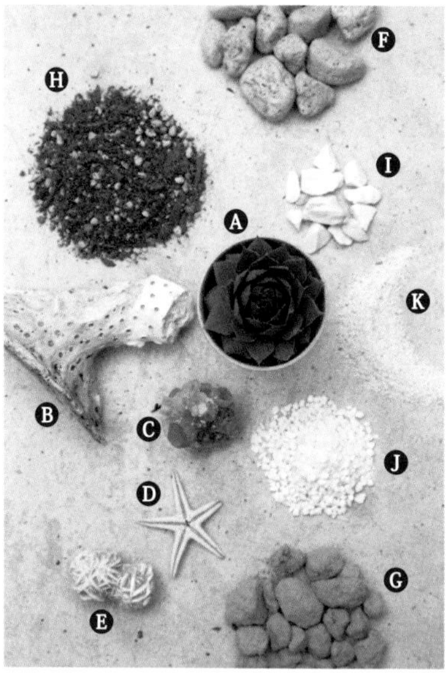

1

以手掌捧著玻璃容器，用湯匙把浮石放進去（分量是能蓋住底部的程度）。

2

接著放入赤玉土，用湯匙把土鋪平。

3

再用鏟子放入仙人掌／多肉植物專用土。

4

用湯匙把土壤表面整平。

memo

《小王子》故事大綱

飛行員的「我」，因飛機故障緊急迫降在撒哈拉沙漠的隔天，遇到一位來自某個小行星的少年（小王子）。小王子說他的行星只有一棟房子的大小，有三座火山和巨大猴麵包樹的樹芽，以及一朵來自其他星球有點驕傲的玫瑰。小王子很照顧那朵玫瑰，有一天卻和玫瑰發生爭執，小王子因而離開他的星球去其他星球旅行。小王子拜訪了幾個小星球，遇到各式各樣的人，但都是一些奇怪的大人。於是，他接受居住在第六顆星球的地理學家建議，來到了地球。藉由這些邂逅與體驗，小王子了解到自己星球上唯一的一朵玫瑰是何等重要。之後，他決定回到自己的星球，並在沙漠上遇見了飛行員的「我」。最後，小王子返回星球，消失了蹤影。

5

把外型像紅玫瑰般的植物（紫紅卷絹）移出原來的容器，稍微撥掉附在根上的土。

6

決定好各個物件排放的位置後，先用長筷夾起植物放好（大約在容器中央）。

7

壓住植物頂端種進土裡，再用長筷把土壤壓實。

8

當作「好強的玫瑰」的植物種好了。

9

接著，擺放模擬火山的珊瑚化石。先把主要的大物件放好，就容易取得平衡。

10

放好模擬玫瑰和火山的二個元素後，再放入防根腐劑和化妝沙。倒入化妝沙時可一邊轉動容器，盡量不要倒在植物上。

11

沒倒到化妝沙的邊緣部分，用長筷把沙撥過去，鋪滿整體表面。

12

為了營造沙漠氣氛，把剩下的天然素材（海星和沙漠玫瑰石）放進容器裡。

13

用竹籤剔出掉在植物葉子縫隙裡的化妝沙。

14

把植物和天然素材排放好。這樣就算是完成了，不過，再加一道程序會更接近《小王子》的世界。

15

在表層撒上細沙，呈現故事場景中的沙漠。可以利用紙鏟把沙子撒到狹窄的邊緣。

16

《小王子》的一幕大功告成。小王子為保護心愛的玫瑰不受風寒，曾用玻璃罩把她罩起來，這個故事情節也和玻璃植栽盆景有異曲同工之妙。

以玻璃小造景重現回憶或季節感

旅行的回憶、風景或季節感，都能當成創作的主題。只要決定好主題，就能更容易選擇容器和植物，適合搭配的天然素材也會自動在腦海浮現。

作品⑪ 裝進南國島上的回憶

讓人聯想到海邊及夏天的天然素材

除了植物，天然素材也扮演了製造氣氛的角色。除了各種貝殼之外，還有海星和白色的石頭。顏色統合成白、藍、綠的話，就會產生清涼感。

最容易搭配、想像的植物盆景，莫過於海邊的風景了。選擇彷彿能抵擋海風穩定感十足的植物來種植，並以貝殼和細沙來表現沙灘。如果有從海邊撿拾的貝殼，可以多加以利用，讓作品更充滿深刻記憶。

◉ 主要材料

Ⓐ＝多肉植物（十二之卷）
Ⓑ＝沙錢（海膽的一種）的殼
Ⓒ＝珊瑚
Ⓓ＝貝殼
Ⓔ＝浮石（大顆）
Ⓕ＝赤玉土（中顆）
Ⓖ＝仙人掌／多肉植物專用土
Ⓗ＝防根腐劑
Ⓘ＝化妝沙（白色）
Ⓙ＝細沙

◉ 容器尺寸

直徑 11.8 公分×高 14.5 公分

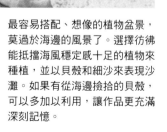

作品⑫ 彷彿置身秋天的寧靜森林

相對於海邊與夏天，若要聯想山、森林或秋天的話，統合成溫暖的棕色系，就容易傳達出這樣的氛圍。表層鋪上褐色的化妝沙，搭配擬似楓紅的植物。為避免所有東西全是同色系，以菊螺和水晶等質感相異的天然素材來畫龍點睛。

讓人聯想到森林、山、秋天的天然素材

橡實、松果、山毛櫸等的果皮的氣氛相融，容易搭配。基本上，顏色以棕色系或大地色系為主，加上一點白色或粉紅色增添變化。

◉ 主要材料

Ⓐ＝多肉植物（仙人之舞）
Ⓑ＝水晶柱（細長的水晶結晶體）
Ⓒ＝菊螺
Ⓓ＝浮石（大顆）
Ⓔ＝赤玉土（中顆）
Ⓕ＝仙人掌／多肉植物專用土
Ⓖ＝防根腐劑
Ⓗ＝化妝沙（棕色）

◉ 容器尺寸

直徑 9.8 公分×高 12 公分

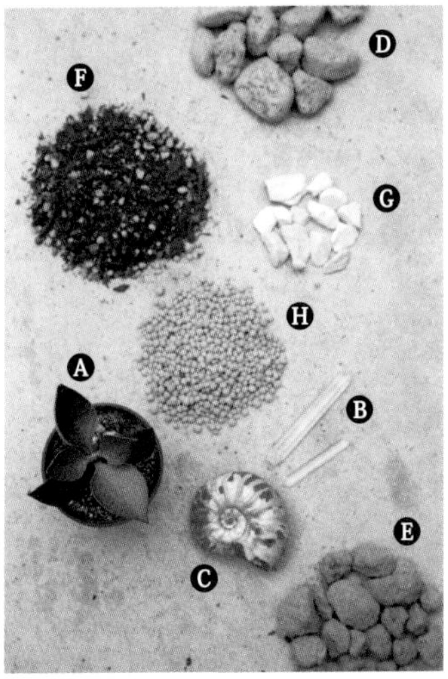

第4課

多面體的玻璃小盆景更時尚！

玻璃小盆景雖然也可用手邊現有的玻璃容器來製作，
但只要講求容器的樣式，專屬自己的小行星世界會變得更寬廣。
這裡介紹以玻璃組裝的多面體容器。
充滿幾何感的多面體是平面所構成的立體，
沒有瓶子的圓潤線條，唯有直線才能呈現的工整之美，是它的魅力。
在如此特別的容器裡組合植物與天然素材，
宛如一種裝置藝術，是很漂亮的室內裝飾。
多面體的框角受到光照時呈現的陰影也很美，
吊掛起來，還能欣賞室內的光影折射。

由上方觀看，可見三角形的中央有個五角形的植物，形成一個不可思議的世界。

由八片細長的三角形所組合而成的八面體容器裡，組合了植物與天然素材。不同於之前介紹的圓筒形玻璃器皿，這種容器本身就具有動感，令人玩味。選用從上方看會呈現星形的多肉植物（翡翠殿），更增添了幾何形的趣味。搭配的自然礦物是螢石，有透明的，也有綠色、紫色、黃色、藍色等，色彩繽紛，而且這種礦物的結晶多為立方體，也有八面體的類型，具有往正八面體的方向裂開的特性。這件玻璃植栽盆景不論是容器、植物或天然素材，都充滿了幾何的氣息。

✳ 作法見第 108 頁。

作品13

利用八面體的特徵 精心挑選材料 徜徉在幾何形狀的世界

◉ **主要材料**

Ⓐ＝多肉植物（翡翠殿）
Ⓑ＝螢石
Ⓒ＝浮石（大顆）
Ⓓ＝赤玉土（中顆）
Ⓔ＝仙人掌／多肉植物專用土
Ⓕ＝防根腐劑
Ⓖ＝化妝沙（黑色）

◉ **容器尺寸**

18 公分× 20 公分×高 9 公分

放置型的八面體玻璃容器。開口雖為三角形卻很寬敞，便於種植植物。市面上有販售各式各樣的多面體容器。

1

依序把浮石、赤玉土、仙人掌／多肉植物專用土倒入容器裡。

2

用湯匙把土壤表層整平，在要種入植物的地方（容器中央）稍微挖出一個凹洞。

3

把植物移出原本的容器，稍微撥掉附在根上的土。這時，若有枯掉的葉子就拔掉。

memo

八面體

八面體展開圖的一例

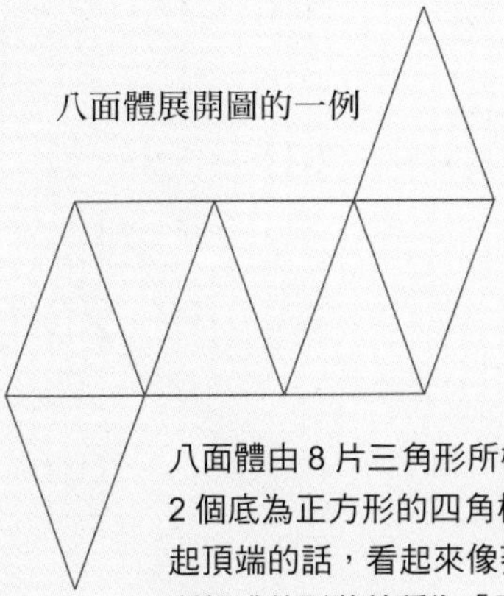

八面體由 8 片三角形所構成。它的形狀像是把 2 個底為正方形的四角椎金字塔併在一起，豎起頂端的話，看起來像菱形。由 8 片正三角形所組成的形狀就稱為「正八面體」。

4

種入植物。壓住植物頂端幫助穩固，再把土壤覆蓋到根上。

5

整體再多加一點土。用紙鏟就可以很容易把土倒到角落。

6

用免洗筷把土壤壓實。可以邊轉動容器邊壓，會比較順手。

7

把防根腐劑撒在植物周圍。

8

用紙鏟把化妝沙撒滿整個表面。同樣，邊轉動容器邊做會比較輕鬆。撒不到的角落，可用免洗筷等工具輔助。

9

擺好天然素材即完成。

作品14

以五角形為主題
用正二十面體容器
組合仙人掌、海星
呈現星星的意象

在五種正多面體當中，最多面的是正二十面體。不管從哪個角度觀看都是均等的立面體，讓人不禁看得出神。把這種多面體的極致放在身邊，會發現 5 個正三角形看起來好像星星。組合擁有五條稜線（從頂端到底端的隆起）的仙人掌和呈現五向放射狀的海星，製作出讓人聯想到星星的玻璃小盆景。另外，加上板狀的瑪瑙裝飾，宛如一座夜空。

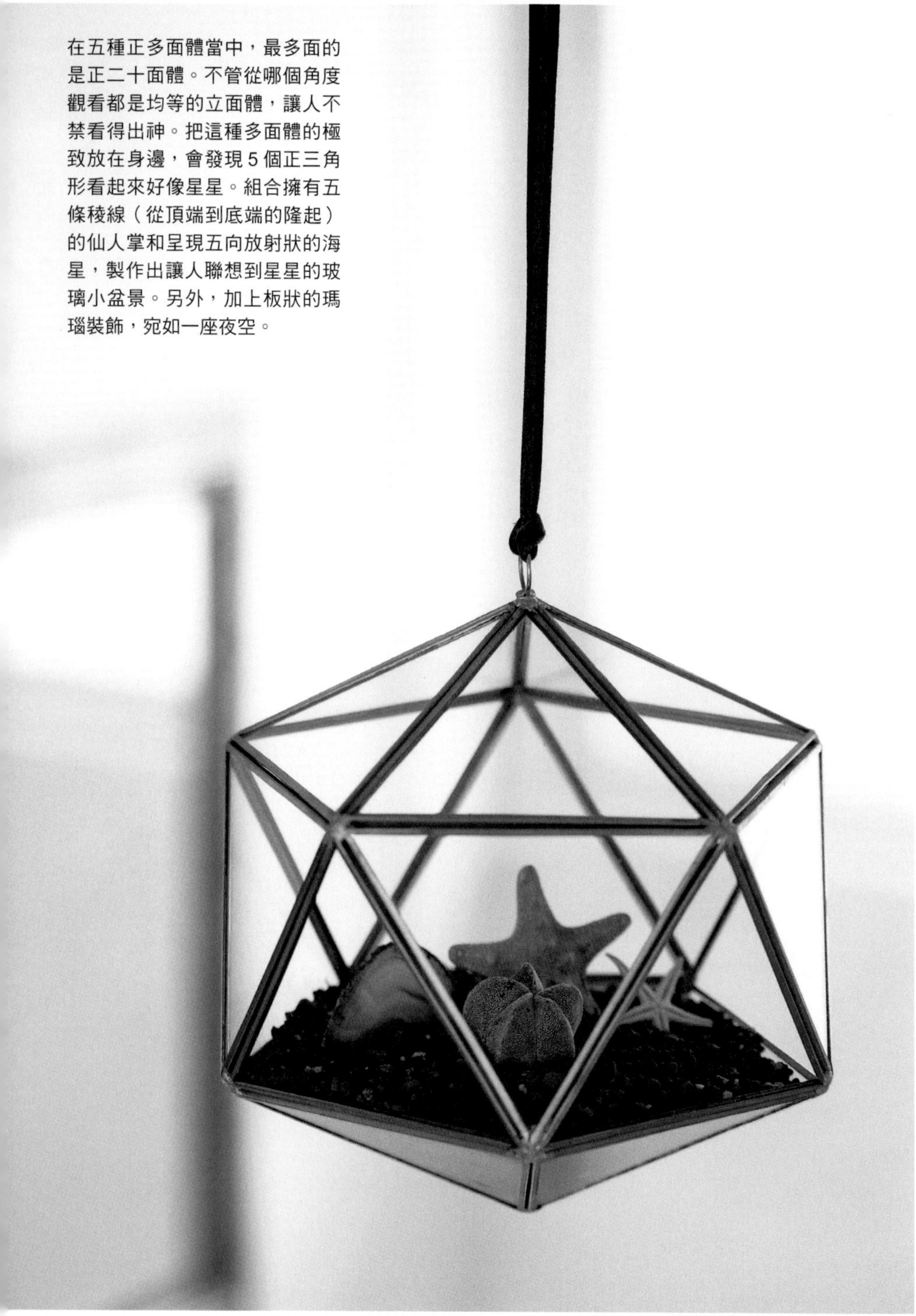

◉ **主要材料**

Ⓐ＝多肉植物（鸞鳳玉）
Ⓑ、Ⓒ＝海星
Ⓓ＝瑪瑙
Ⓔ＝浮石（大顆）
Ⓕ＝赤玉土（中顆）
Ⓖ＝仙人掌／多肉植物專用土
Ⓗ＝防根腐劑
Ⓘ＝化妝沙（黑色）

◉ **容器尺寸**

18 公分× 18 公分×高 18 公分

memo

正二十面體

正二十面體展開圖的一例

由 20 片正三角形所構成，相當接近球體的形狀。正多面體是由柏拉圖所發現，是擁有美麗對稱性的立體，共有 5 種：正四面體、正六面體、正八面體、正十二面體、正二十面體。

作品⑮ 以透光的植物和水晶為主題表現透明之美

使用忠實呈現水晶構造的原創玻璃容器。為了配合容器的造型，選擇形似水晶且葉尖透光的植物。天然素材則以水晶礦石搭配，更加充滿透明感。

◉ 主要材料

Ⓐ＝多肉植物（花鏡）
Ⓑ＝石英礦（石英、水晶的統稱）
Ⓒ＝水晶柱
Ⓓ＝浮石（大顆）
Ⓔ＝赤玉土（中顆）
Ⓕ＝仙人掌／多肉植物專用土
Ⓖ＝防根腐劑
Ⓗ＝化妝沙（白色）

◉ 容器尺寸

9.5 公分× 20 公分×高 9.5 公分

memo

水晶結晶的形狀

仿照水晶結晶的容器零件

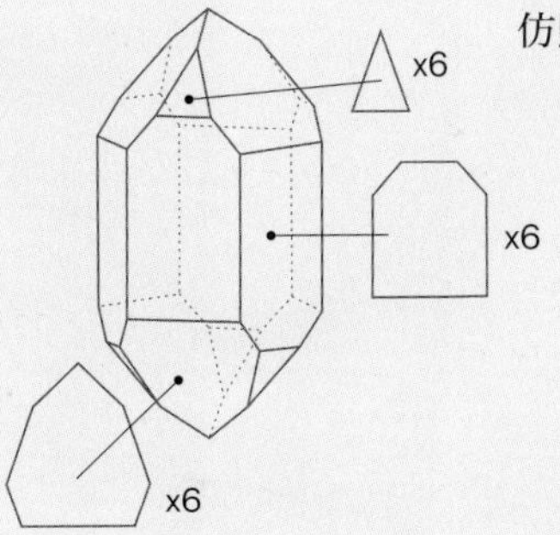

石英（二氧化矽結晶而成的礦物）當中，呈無色透明的就是水晶。其結晶（原子或分子按規則排列）是前端尖銳的六角柱形。照片上的容器仿照這個形狀，由 3 種不同的零件共 18 片組裝而成。

第5課

享受飄浮感的玻璃小盆景
~空氣鳳梨~

銀葉系

葉子表面因布滿用來攝取水分的「毛狀體」（trichomes），所以看起來像是銀色。喜好日照的環境，耐乾燥。

綠葉系

和銀葉系相反，因缺少毛狀體，外觀呈現亮麗的綠色。不喜強烈的直射陽光，不耐乾燥。

園藝新手也能輕鬆完成玻璃盆景的另一種植物，
就是擁有奇妙特性的空氣鳳梨（鐵蘭）。
它不需要土壤，也不用種在盆子裡。
以下就來介紹，如何開心照料這種奇特植物的訣竅！

壺形

莖部像壺狀一樣鼓鼓的類型。
有穩定感，
可放入較高的玻璃杯種植。

蓬鬆形

特殊的形狀和柔軟的觸感是其魅力點，
建議以吊掛的方式或揉成一團作為裝飾。

memo

空氣鳳梨（鐵蘭）的種類

一般統稱為「空氣鳳梨」的植物就是和鳳梨同屬於鳳梨科（或稱波羅科）的鐵蘭。它有超過600種的原生種，據說園藝品種更多達2000種以上，多采多姿，大致可分成銀葉系和綠葉系。原產自美國南部到中美洲一帶，大多附生於岩石或樹木上，能在森林、山地、沙漠等各種環境下存活。

把不需要土壤的空氣鳳梨，高高懸在空中

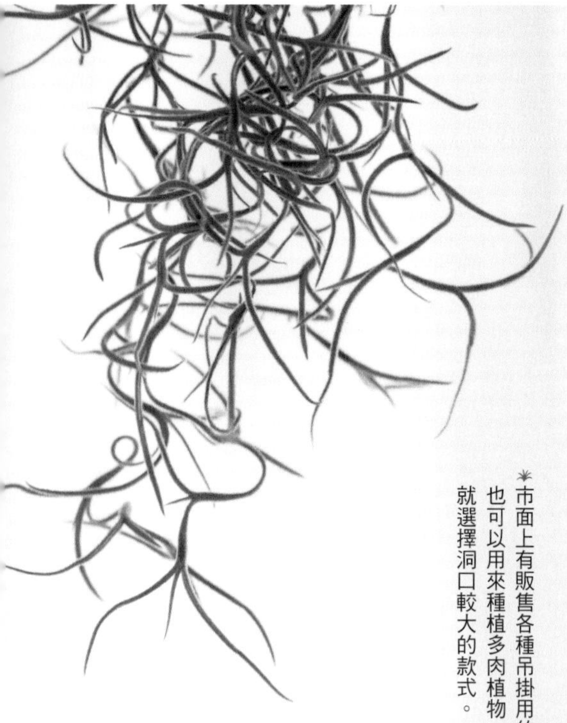

要在玻璃小盆景種植空氣鳳梨的話，
先試試用吊掛的方式來欣賞飄浮感吧。
空氣鳳梨喜好通風的環境，請選擇沒有蓋子的容器。
雖然不需要土，鋪一點化妝沙可讓氣氛更佳。

✳市面上有販售各種吊掛用的玻璃器具，
也可以用來種植多肉植物，如果要放土，
就選擇洞口較大的款式。

◉ **主要材料**
空氣鳳梨（三色花）
化妝沙（黑色）
◉ **容器尺寸**
長徑 9 公分×高 22 公分

作品⑯

堅硬的空氣鳳梨品種用黑沙來營造俐落感

以手掌捧住容器，用湯匙倒入化妝沙。整平表面，讓土壤稍微有點坡度，以免從洞口漏出。把植物的根部放入容器內，葉子前端從洞口探出。只要把植物放在化妝沙上即可。

作品⑰

銀色的葉子
配以白色的珊瑚
看起來好溫柔

◉ **主要材料**
空氣鳳梨（雞毛撢子）
化妝沙（珊瑚石）
◉ **容器尺寸**
直徑 8.5 公分×高 7.5 公分

圓形的植物可完全裝在容器裡。這時要先從根部放入，如果從葉子部分放進去，葉尖會朝下而被壓住。

作品⑱

形狀動感的植物
搭配木屑營造狂野氣氛

◉ **主要材料**
空氣鳳梨（女王頭）
◉ 和上圖的植物屬同種，隨著生長，形狀會有所變化。
化妝沙（木屑）
◉ **容器尺寸**
直徑 8.5 公分×高 7.5 公分

空氣鳳梨的澆水法

空氣鳳梨（鐵蘭）大多屬於攝取附著於葉子表面水分的「空氣型」。不管是銀葉系還是綠葉系，葉子表面都附有毛狀體，具備吸收水分的功能。但並非直接從空氣吸收溼氣，因原產地為熱帶地區，植物會被雨水或夜露沾溼，再透過毛狀體吸收水分。所以，若要用它來裝飾室內的話，就必須澆水。這裡將介紹平常澆水的方法。

把空氣鳳梨泡在水裡的澆水法稱為「泡水」（soaking），原意是「浸泡」，當天候太乾燥導致植物枯萎時很有效，如果生長狀況良好，用噴霧器澆水即可。

memo

放置空氣鳳梨的地方

擺放在室內時，放哪裡都可以。空氣鳳梨基本上喜好陽光，若是放在有日照的地方，最好隔一層窗簾。若是放在沒有日照的地方，記得要不時移到明亮處讓它進行日光浴。

澆水時一併檢查植物的狀態。根部有枯萎的葉子就剪掉，或是有枯萎的葉尖也一樣剪掉。

春天到秋天的時節，每週約澆 2 次水，冬天時每月約澆 3、4 次。注意，潮溼的狀態不要超過 2 天以上，澆水後拿到通風的地方。上圖為綠葉系的卡比它它，右圖的葉子萎縮就是缺水的證據，顯示之前太乾燥了，該泡水。春天到秋天在傍晚後澆水，能讓空氣鳳梨長時間沾溼，有助於吸收較多水分。

1

澆水的方法大致可分為利用噴霧器或泡水，要用哪種方法取決於植物的狀態。除了使用噴霧器，也可以直接把空氣鳳梨拿到水龍頭下沖水。若是泡水，大約半天即可，最長也不要超過 8 小時。長時間泡水會讓植物難以呼吸，要特別留意。

2

澆水後（噴霧或泡水），輕輕搖晃植物，瀝掉多餘水分。若是使用噴霧器，可以立刻放回原來的位置。

3

若是泡水，先放到篩子上，拿到通風的地方晾 2、3 小時。

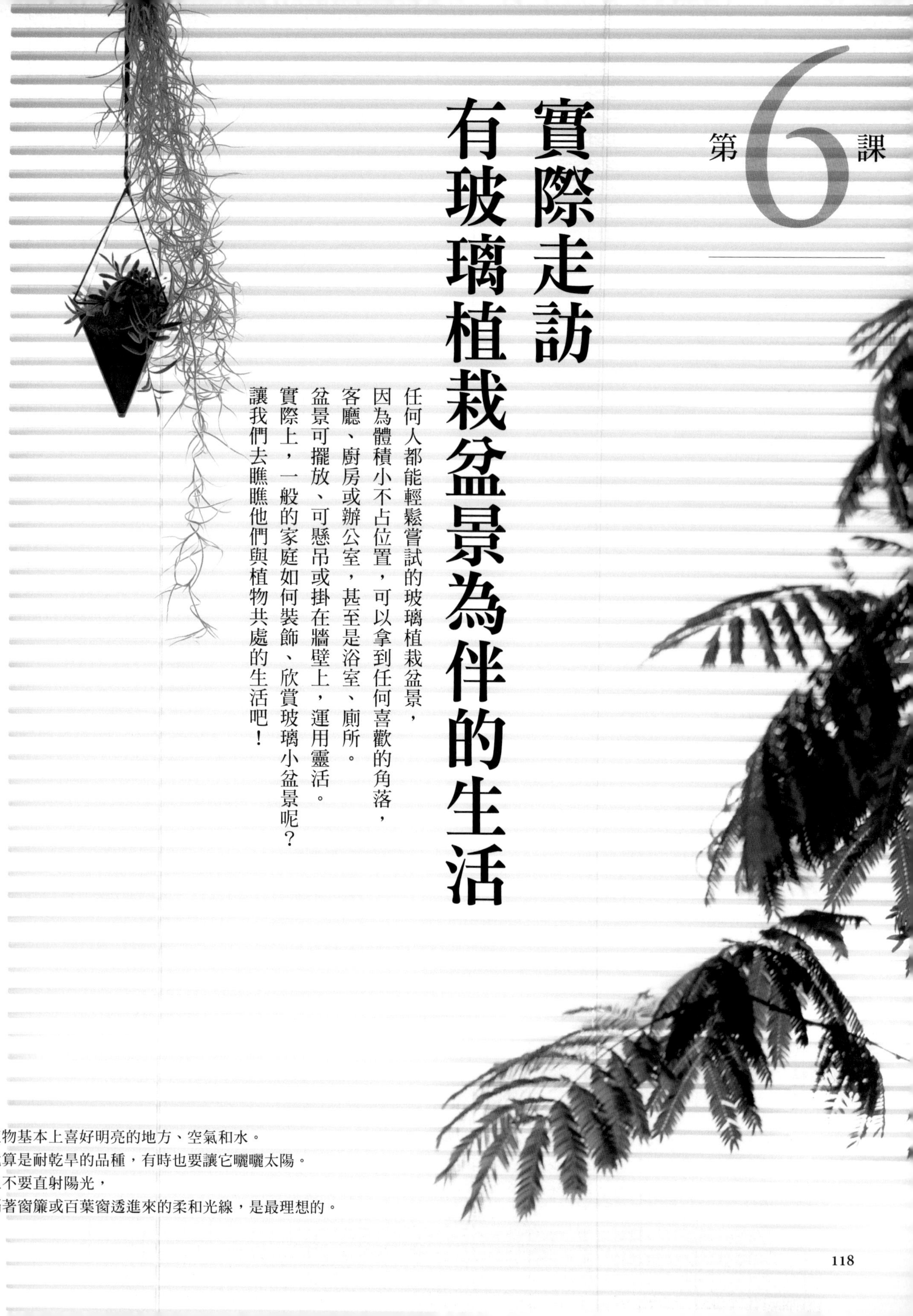

第6課

實際走訪有玻璃植栽盆景為伴的生活

任何人都能輕鬆嘗試的玻璃植栽盆景，
因為體積小不占位置，可以拿到任何喜歡的角落，
客廳、廚房或辦公室，甚至是浴室、廁所。
盆景可擺放、可懸吊或掛在牆壁上，運用靈活。
實際上，一般的家庭如何裝飾、欣賞玻璃小盆景呢？
讓我們去瞧瞧他們與植物共處的生活吧！

植物基本上喜好明亮的地方、空氣和水。
就算是耐乾旱的品種，有時也要讓它曬曬太陽。
但不要直射陽光，
隔著窗簾或百葉窗透進來的柔和光線，是最理想的。

有玻璃植栽盆景為伴的生活❶

如同繪畫或雕塑 以藝術的觀點來擺設

在生活用品店買的盆栽裡，種植著水草。特殊的構造只要半年澆1次水或用噴霧器淋溼即可。

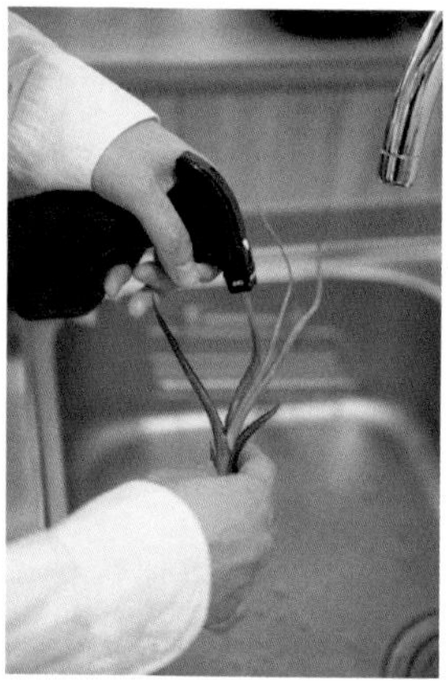

空氣鳳梨只要一週充分澆水2次。輕輕把水瀝乾，再放回原本的地方。照顧方法簡單也是玻璃小盆景的魅力。

在簡約中追求沉穩空間的淺野高正、晃世夫婦。

淺野家大部分的玻璃小盆景都裝飾在有自然光照射的客廳和餐廳裡。

白色的天花板和牆壁，木製的地板和家具，窗簾和沙發採大地色系，營造出一個舒適宜人的空間。住在這裡的是淺野高正、晃世夫婦，他們的目標是把家裝潢成有機的風格。牆壁上掛著畫，櫃子上放著造型新穎的音響和裝飾品，玻璃植栽盆景也現身其中。掛在牆上的玻璃盆景會隨時段和季節變化光影，也成為室內裝潢的元素之一。

淺野夫妻與玻璃植栽盆景的邂逅，是修繕現在這間住宅時，施工的建商送給他們玻璃植栽盆景當作紀念賀禮。玻璃盒裡時尚有型的空氣鳳梨，恰巧投他們所好。

「線條筆直的玻璃容器，搭配富有曲線形狀奇特的植物很有趣，我覺得與其說是植物，更像是一種裝置藝術。」（晃世女士）之後，兩人開始對玻璃植栽盆景產生興趣，一點一滴買進，現在家裡共養了7個植栽。

「乍看之下好像沒有存在感，其實不然。雖然植物只是靜靜待在盒子裡，還是會發現它不斷生長，充滿了生命力。」這麼說的高正先生負責

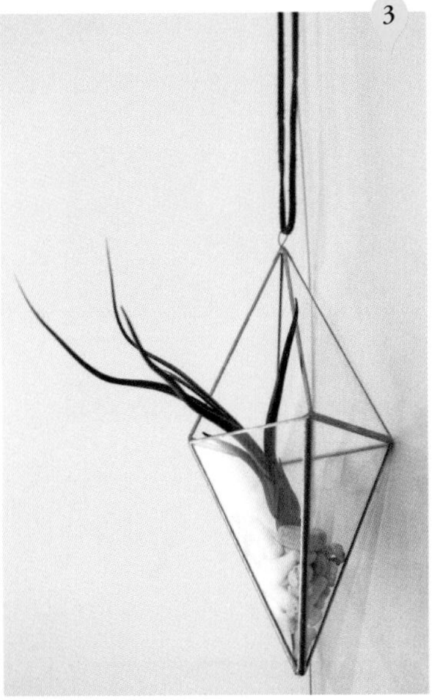

從廚房延伸的牆上掛著空氣鳳梨（大天堂）的玻璃小盆景。有時會為它變換角度，欣賞光影的折射。

黑框的玻璃盒裝著空氣鳳梨（棉花糖），看起來像裝置藝術般渾然天成。

房間隨處裝飾著低調的小植物。

不需要土的空氣鳳梨（海膽）也可以和貝殼搭配在一起裝飾。

植物的澆水工作。每次澆水時都會與植物接觸，也順便檢查植物的生長狀況。

有玻璃植栽盆景為伴的生活❷

觀察欣賞近在身邊的綠意

電腦旁的玻璃小盆景種著多肉植物二岐蘆薈。俐落的形象正好適合男性的房間。

掛在牆上的玻璃盒種著空氣鳳梨。有時為轉換心情，會交換植物。

廚房窗邊排列著仙人掌（上），浴室也在狹窄的地方裝飾著綠意（下）。

將山本先生種植的仙人掌重新組盆。中山茜老師建議修剪生長過度的仙人掌，和新的仙人掌（無刺王冠龍）種在一起。

和植物一起生活的山本剛先生。

一打開門，充滿綠意的植物馬上映入眼簾。房間裡到處都是植物。「我從以前就喜歡植物，不知不覺蒐集了這麼多。」身為攝影師的山本剛先生這麼說著。玄關周邊、廚房、浴室、床邊、工作室的角落等，連陽台也放著一整排照顧良好的盆栽，從植物可以窺探山本先生平常的生活。

山本先生約從兩年前開始嘗試玻璃植栽盆景。經常使用電腦工作的他想在身邊擺放植物，因為這個緣故而遇見了玻璃植栽盆景。以前山本先生也曾擺放過盆栽，但總會漏出沙土，令他感到困擾。玻璃盒裡的盆景就沒有這方面的疑慮，而且感覺比盆栽更貼近自己這一點，也令人愛不釋手。他說：「就算看著電腦，只要視線離開螢幕，就能看到面前有個小小的植物，眼睛和心靈都獲得喘息。」

有玻璃植栽盆景為伴的生活❸

不用費心照顧的植物最適合忙碌的家庭

這是三年前的樣子。據說是賀禮的植物，名字分別是石蓮花、扇雀、高砂之翁，都有吉利的含意。

客廳的白色櫃子上，有個放置玻璃植栽盆景的小角落。外出時，會把盆景移到窗簾邊曬曬太陽。三年前收到的盆景禮物依然生氣蓬勃，但植物（石蓮花）長得太長了，所以把枝幹和葉子移株到後面的盆栽。

❶「經過三年土壤都沒養分了，換一下土比較好。」茜老師說。
❷倒入新土，更換部分植物，轉換一下氣氛。
❸搭配的天然素材也換新，完成換盆。石蓮花移種到其他容器，加入仙人掌（朱雲）。

把多肉植物的葉子放在土上，不知不覺就會長出根來。棕色之物是原本的葉。

每天看多肉植物都不膩的亮太先生、綾子女士，和長女瑞季。

製作乾燥花是綾子女士的興趣，裝飾著室內各個角落。

中山亮太、綾子夫婦帶著一歲五個月的女兒，一家三口過著忙碌的日子。說到屋裡的植物，只有客廳的櫃子上放著玻璃植栽的組盆和多肉植物的盆栽。雖然只有這樣，但玻璃盒裡的造景很有存在感，成功發揮了居家裝飾的功能。

「每天忙於工作和育兒，起初我認為根本沒空照顧植物而放棄了。之前也種過空氣鳳梨，結果太悶熱，沒能熬過夏天，失敗收場。不過換作多肉植物的話，我家應該沒問題。到現在將近三年，你看還這麼生氣蓬勃呢！」綾子女士說。

其實，亮太先生就是本書的講師中山茜的弟弟，玻璃植栽盆景的組盆是茜老師送給弟弟、弟媳的結婚賀禮。這次修剪了生長過度的枝芽，也稍微變化了一下。

第7課

換盆與應用

春天和秋天是許多植物生長最茂盛的季節。
修剪長得太長的莖，把葉子或芽插進土裡，
把根部剝開分株等，
都適合在這個時節進行維護。
另一方面，玻璃植栽盆景就算不重新種植，
只想變化一下氣氛，也能輕鬆完成。
這裡以第1課介紹的基本玻璃小盆景為主，
添加一些天然素材或小物（模型），
留意一下四季的變遷，來挑戰看看應用的方法吧！

作品⑲ 翠綠色的植物旁 放上牛的模型玩具 想像一個春天的牧場

這是第1課（第80頁）的多肉植物（小米星）簡約盆景，只是多搭配了一些小物，就能增添春天的氣息：想像在春天的某個牧場，走出房舍享受溫暖的乳牛。搭配充滿透明感的黃水晶，藉由擺設一些小物來創造故事感。

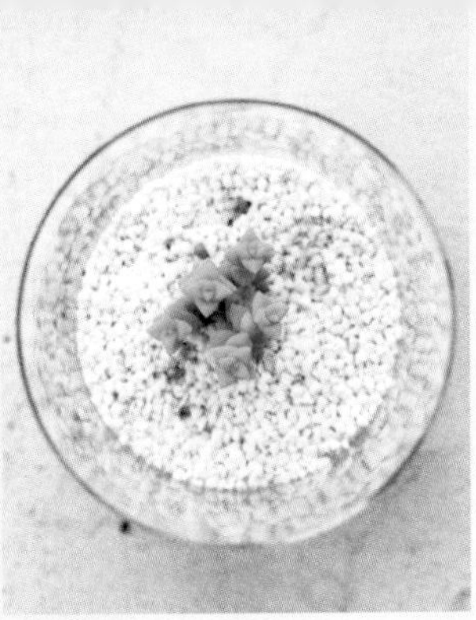

◉ 增加的材料
模型（乳牛）
天然素材（水晶）

作品20

線條俐落的植物
搭配藍、白色小物
呈現出清涼感

第 1 課（第 89 頁）以多肉植物（姬鉾）完成的玻璃小盆景，以貝殼的白與礦物鮮豔的藍呈現對比，來表現夏天。外觀給人冷酷的感覺，可以緩和暑氣。

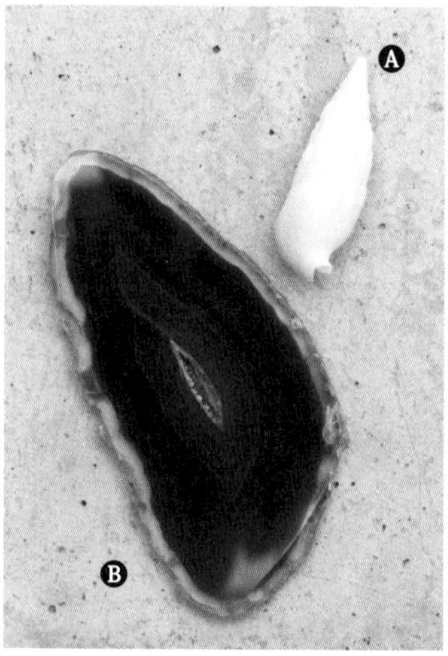

◉ 增加的材料

A＝貝殼

B＝瑪瑙（染色之物）

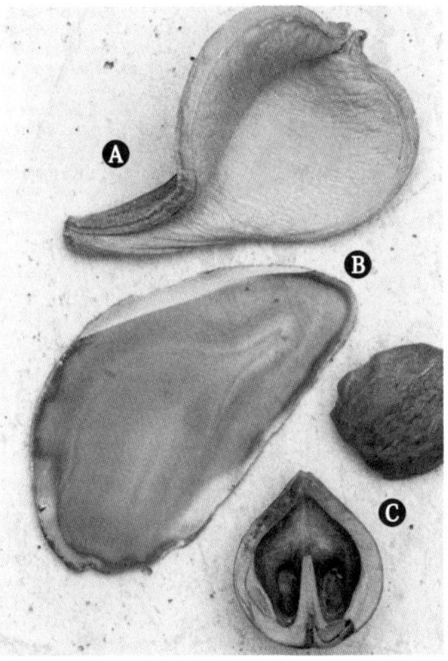

◉ **增加的材料**

A＝心型果莢（乾燥花材）
B＝瑪瑙
C＝胡桃的外殼

作品21 秋天色彩的小物和橡實 只要稍加變化 就能變身為豐收的秋日盆景

把手伸進容器洞口，盡可能把較大的物件放到裡面，插進土裡。如果洞口很小，可用免洗筷或鑷子輔助。

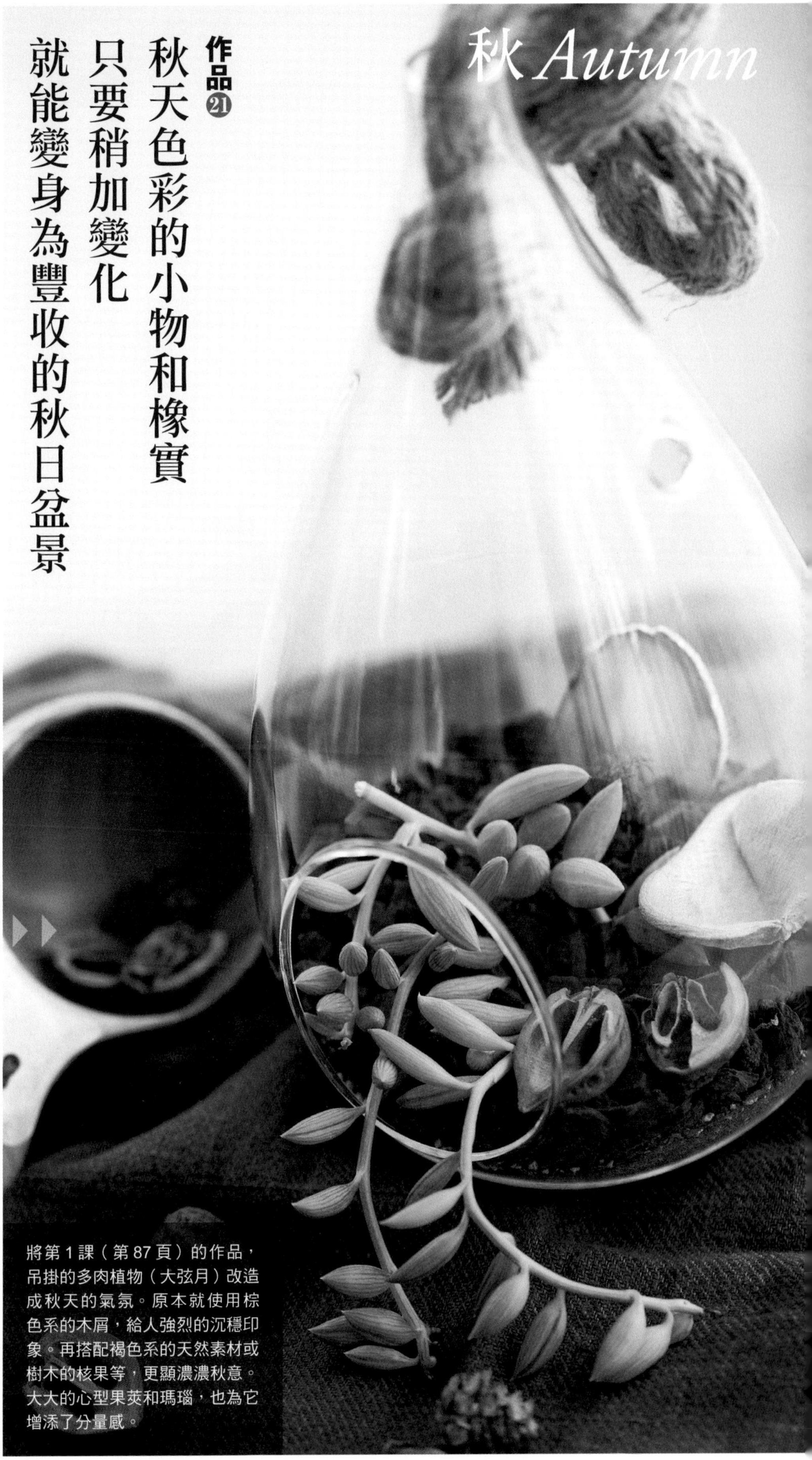

將第1課（第87頁）的作品，吊掛的多肉植物（大弦月）改造成秋天的氣氛。原本就使用棕色系的木屑，給人強烈的沉穩印象。再搭配褐色系的天然素材或樹木的核果等，更顯濃濃秋意。大大的心型果莢和瑪瑙，也為它增添了分量感。

作品22 改種到較大的容器 以白色化妝沙和動物模型 打造冬天的景色

把植物改種到較大的容器時，可以順便把棕色的化妝沙改成白色的，營造出冬天的景緻，再加入麋鹿的模型和松果等，就成了耶誕節的應景裝飾。

冬天 *Winter*

memo

模型好好玩！

百圓商店有賣的模型玩具，不妨蒐集各種模型，發揮創意來運用。

迷你的人偶、動物、植物、建築物、昆蟲、食物等小物，一般統稱為模型玩具，用來當作營造氣氛的道具效果很好，輕鬆就能打造出想要呈現的盆景世界，價格也實惠，建議可從身邊常見的動物開始嘗試運用看看。

◉ 主要材料

Ⓐ＝多肉植物（姬綠）
Ⓑ＝動物的模型
Ⓒ＝八角
Ⓓ＝乾燥松果
Ⓔ＝浮石（大顆）
Ⓕ＝赤玉土（中顆）
Ⓖ＝仙人掌／多肉植物專用土
Ⓗ＝防根腐劑
Ⓘ＝化妝沙（白色）

◉ 容器尺寸

直徑 10.5 公分×高 18.5 公分

挖出植物

把免洗筷插進根部周圍挖鬆土壤，再將植物挖出來。如果強拉植物，可能會扯斷根，所以要小心處理。挖出的植物依浮石、赤玉土、仙人掌／多肉植物專用土的順序倒土種植，表面鋪上白色化妝沙，再靈活運用自己喜歡的小物作為裝飾，即完成。

換盆

當植物生長過度顯得有些侷促，或想添加一點小物而需要空間時，可以把植物移種到較大的玻璃容器。

第8課

以禮物來交心

以先前學過的玻璃植栽盆景基本作法
運用各種有趣的創意，
來嘗試製作送禮用的玻璃小盆景吧！
先決定好要送給誰，
然後依對方的形象選擇植物與玻璃容器，
並活用一些小物來完成。

均衡搭配植物與天然素材是美麗的關鍵。
山毛櫸的果皮等可插著的東西。
就插進土裡比較穩固。
因為容器頗有深度，建議使用長筷種植。

仙人掌白烏帽子又名「兔耳」，因形狀像兔子而得此名。這裡使用的化妝沙可用水凝固，所以易於搬運。另外，如果一直蓋著蓋子，裡面會太悶，要請對方平常將蓋子打開。

＊化妝沙的凝固法參閱第 135 頁。

作品23

可愛的仙人掌和繽紛的天然素材裝在藥瓶裡裝飾成適合女性的甜美模樣

◉ 主要材料

Ⓐ＝多肉植物（白烏帽子）
Ⓑ＝螢石
Ⓒ＝山毛櫸的果皮
Ⓓ＝浮石（大顆）
Ⓔ＝赤玉土（中顆）
Ⓕ＝仙人掌／多肉植物專用土
Ⓖ＝防根腐劑
Ⓗ＝化妝沙（白色）

◉ 容器尺寸

直徑 7.7 公分×高 17 公分

作品24

沉穩的多面體玻璃盒裡
隨興放著空氣植物和天然素材
是適合植物系男子的
自然禮物

只是在玻璃盒中放著植物和天然素材，任何人都能自由嘗試玻璃植栽盆景。不過，裝飾的方法僅供參考，建議把玻璃容器和內容物分開包裝，並附送一張成品的照片給對方。最好再附上一份筆記，提醒裝入植物後不要蓋上蓋子。

鑽石造型的多面體玻璃盒。黑色的框架和剛硬的設計，很適合男性。因為屬於變形體，不使用土，直接裝入空氣鳳梨，大膽的風格非常前衛。

◉ **主要材料**

Ⓐ＝空氣鳳梨（菘蘿）
Ⓑ＝空氣鳳梨（哈里斯）
Ⓒ、Ⓓ＝珊瑚
Ⓔ＝海膽的殼
Ⓕ＝貝殼
Ⓖ＝漂流木

◉ **容器尺寸**

14 公分× 18 公分×高 13 公分

活用範例

1

先放入看起來最堅硬的漂流木。

2

把貝殼和珊瑚放進去，和漂流木疊在一起。

3

把蓬鬆的空氣鳳梨（菘蘿）揉成一團，放在漂流木旁邊。據說這種植物在原產地被用來當作打包的材料，這樣看起來，也像是天然素材的緩衝物。

4

最後，在最顯眼的中央位置放上另一株空氣鳳梨（哈里斯）。讓空氣鳳梨面向正面，整體看起來就會協調均衡。

作品25

酒杯裡的簡易玻璃小盆景
隨著用不一樣的模型玩具
會有不同的送禮趣味

莖分岔成兩支的美空鉾，大約種在玻璃杯中央的位置。不知將來會長成什麼樣，令人期待。

利用現有的酒杯做成的玻璃小盆景，裡頭還擺放著恐龍模型，也可以直接用來裝飾男孩生日派對的餐桌。若使用白色化妝沙，放一些可愛的模型，也能變化成女孩喜好的模樣。為了搭配植物和小物，這個作品多放了一點土。

種植同種的多肉植物（莖為1枝）的玻璃小盆景。利用吃完的果醬罐來種也很有趣。當成家庭派對的伴手禮，對方一定會很開心。

◉ 主要材料
Ⓐ＝多肉植物（美空鉾）
Ⓑ＝樹木的果實（鈴鐺辣椒）
Ⓒ、Ⓓ＝恐龍的模型
Ⓔ＝浮石（大顆）
Ⓕ＝赤玉土（中顆）
Ⓖ＝仙人掌／多肉植物專用土
Ⓗ＝防根腐劑
Ⓘ＝化妝沙（褐色）
◉ 容器尺寸
長徑 7.4 公分×高 22 公分（右頁）
直徑 5.5 公分×高 12 公分（左）

若要使化妝沙凝固，就等完成造景後，用壺嘴細小的水壺少量多次地在表面灑水。用手指壓壓看，確認沙子凝固後，就可裝進箱子或袋子裡。

把沙子凝固起來，更方便攜帶

本書使用的棕色、白色化妝沙只要淋水，其中的成分就會溶化使表面凝固起來。如此便不用擔心沙土漏出，更便於攜帶。在家裡把沙子凝固起來，也能安心裝飾任何地方。只要一倒入水馬上就會變鬆軟，所以澆水、換盆都不成問題。

水草圖鑑

打造美麗水景的82個品種

解說 早坂誠

memo

查閱說明

- 種植難易度以☆表示，數目越少表示越容易種植，越多則越難：
  - ☆ 容易
  - ☆☆ 普通
  - ☆☆☆ 稍微困難
- 種植位置為種植時的建議配置：
  - 前＝適合種在容器的前景
  - 中＝適合種在容器的中央
  - 後＝適合種在容器的後景
  - 漂浮＝浮在水面上
  - 附生＝附著於石頭或沉木上

水草 1

小血心蘭

學名 *Alternanthera reineckii*
科名 莧科
原產地 南美
種植難易度 ☆☆
種植位置 中～後

在紅色的水草當中，顏色鮮豔、姿態美麗為其特徵，是很有代表性的紅色系水草。生長速度緩慢，會直直往上生長，是造景的好選擇。相對於沉水葉的美麗紅色，挺水葉是帶著微紅的淡綠色。

水草 2

大血心蘭

學名 *Alternanthera reineckii*
科名 莧科
原產地 改良品種
種植難易度 ☆☆
種植位置 中～後

血心蘭的改良品種。與原品種相比，生長的莖節間距較短，推薦用於想增加密度的時候。葉子和血心蘭一樣會長得很大，所以最好用較大的容器。是荷蘭式水草造景缸很常使用的水草。

水草 3

袖珍小榕

學名 *Anubias barteri var. nana*
科名 天南星科
原產地 西非
種植難易度 ☆
種植位置 前

廣受喜愛的水草。小巧可愛，生長速度緩慢。深綠色的色澤，還具有附生於石頭或沉木的特性，很有魅力。屬最容易種植的品種之一，不妨先買單株綁在石頭或沉木試試。

水草 4

虎耳

學名 *Bacopa caroliniana*
科名 車前草科
原產地 北美
種植難易度 ☆☆
種植位置 中～後

可以善加利用其褐色的沉水葉。淺綠色的挺水葉也容易種植，適合水草造景缸。從水中探出頭的挺水葉姿態令人感動。與其呈現細緻感，更適合用來表現粗曠感。

水草 5

小對葉

學名 *Bacopa monnieri*
科名 車前草科
原產地 熱帶亞洲～北美南部
種植難易度 ☆
種植位置 前～後

體型偏小，長著圓圓的葉子直立生長，宛如為了水草缸而存在的品種。生長速度慢，常種在玻璃杯裡。長到一定程度後，修剪再插回底床來展現頂芽的美。是荷蘭式水草造景缸的必備款。

水草 6

日本簣藻

學名 *Blyxa japonica*
科名 水鱉科
原產地 日本～東南亞
種植難易度 ☆☆
種植位置 前～中

日本常見的野生水田植物。屬於有莖草，但看起來像根生葉，小型的草體會讓人聯想到路邊的蒲公英。在水草造景中，也是很常使用的人氣品種。

水草 7

紅菊

學名 *Cabomba Furcata*
科名 蓴菜科
原產地 南美
種植難易度 ☆☆☆
種植位置 中～後

輪生展開姿態和深紅色調，是這個美麗品種的特徵。相對容易購得，可成為造景的重點，是煩惱配置時的好幫手。長期栽種的話，對養分、水質要求較高，不如就當作插花一樣來使用。

水草 8

蘋果草

學名 *Cardamine lyrata*
科名 十字花科
原產地 日本
種植難易度 ☆
種植位置 後

纖細的莖上互生著圓圓的淺綠色葉子，這種類型的水草不多，可一次種植好幾株，在後景營造茂密的感覺。若使用玻璃杯等小型容器，就選擇葉子較小的。

水草 9

越南水芹

學名 *Ceratopteris thalictroides*
科名 水蕨科
原產地 越南
種植難易度 ☆☆
種植位置 後

這種水草屬於蕨類，淡綠色的葉可用於呈現茂密的後景。原本的葉子會長出子株（無性生殖芽），可拔掉移種，變化成叢林的氣氛。

水草 10

大葉水芹

學名 ➳ *Ceratopteris cornuta*
科名 ➳ 水蕨科
原產地 ➳ 非洲、東南亞等
種植難易度 ➳ ☆☆
種植位置 ➳ 後

和越南水芹同屬水生的蕨類。因鋸齒較少，看起來較大型，建議使用大一點的容器效果更佳，或是利用較小的子株種植。可讓無性生殖的芽漂浮在水面當作浮萍，也具有淨化水質的功用。

水草 11

帕夫椒草

學名 ➳ *Cryptocoryne parva*
科名 ➳ 天南星科
原產地 ➳ 斯里蘭卡
種植難易度 ➳ ☆
種植位置 ➳ 前

是天南星科的椒草中，最小型的品種。深綠色的葉和長長的葉柄是特徵。在水缸中間往左右兩旁一次種植數株，效果很好。生長速度雖偏緩，但容易種植。

水草 12

牛頓草

學名 ➳ *Didiplis diandra*
科名 ➳ 千屈菜科
原產地 ➳ 北美
種植難易度 ➳ ☆☆
種植位置 ➳ 中～後

就水草缸而言，是可排進前五名的推薦品種。葉子從綠色變化成紅褐色，茂密直立且十字對生，能打造出密度很高的水景。底下的葉子雖容易掉落，卻是非常好用的水草。

水草 13

皇冠草

學名 ➳ *Echinodorus grisebachii*
科名 ➳ 澤瀉科
原產地 ➳ 南美
種植難易度 ➳ ☆
種植位置 ➳ 後

根生葉的代表品種。剛買來時挺水葉會枯萎，但同時會從根部附近長出沉水葉。可以不和其他品種混在一起，只栽單株，欣賞它的生長情況。種植時，底床的養分不可或缺。

水草 14

小欖仁皇冠草

學名 ➳ *Echinodorus grisebachii*
科名 ➳ 澤瀉科
原產地 ➳ 改良品種
種植難易度 ➳ ☆☆
種植位置 ➳ 前

皇冠草的改良品種。因小型且生長速度偏慢，適合當作前景的重點，效果很好。葉子的質感有種特殊的氛圍，喜不喜歡因人而異，但能使水草造景顯得更豐富。

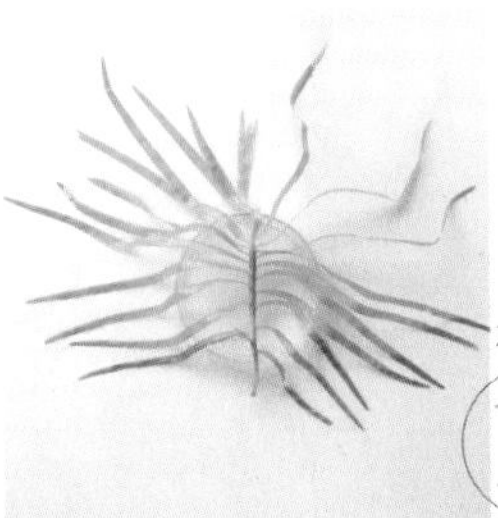

水草 15

長艾克草

學名 ➳ *Eichhornia azurea*
科名 ➳ 雨久花科
原產地 ➳ 南美
種植難易度 ➳ ☆☆
種植位置 ➳ 後

我還記得前往亞馬遜河進行研究時，看到它的原生地而大受感動。實際使用於水草缸時，細長的互生葉子一下就長超過 20 公分，較適合大型的玻璃容器。挺水葉的伸展姿態和美麗的花，都值得一看。

水草 16

南美艾克草

學名 ➳ *Eichhornia diversifolia*
科名 ➳ 雨久花科
原產地 ➳ 南美
種植難易度 ➳ ☆☆
種植位置 ➳ 後

艾克草中較小型的品種，在水草缸也能呈現美麗的姿態。根扎得深，所以長期維護的重點是底床的土壤要厚一點。修剪時，留下兩旁的枝芽，可營造出群生的氣氛。

水草 17

牛毛氈

學名 ➳ *Eleocharis acicularis*
科名 ➳ 莎草科
原產地 ➳ 日本、東南亞
種植難易度 ➳ ☆
種植位置 ➳ 前～後

水草造景不可或缺的品種。有細細的葉，且會增生地下莖，看起來像是草地，也可以和其他水草一起種，呈現出大自然的感覺。相當好用，長度也很容易調整。

水草 18

針葉皇冠草

學名 ➳ *Helanthium tenellum*
科名 ➳ 澤瀉科
原產地 ➳ 北美、南美
種植難易度 ➳ ☆
種植位置 ➳ 前～中

10 公分左右的細長姿態，和會變化綠色、褐色的葉子是其特徵。這個品種會長出地下莖，所以在水景中可創造如草木般的感覺。生長速度快，用法很多，因形態豐富而廣受歡迎。

水草 19

日本珍珠草

學名 ↝ *Hemianthus micranthemoides*
科名 ↝ 玄參科
原產地 ↝ 北美
種植難易度 ↝ ☆☆
種植位置 ↝ 前～後
光照的程度會影響它往周圍生長的情況，所以適合種成一叢茂盛狀。就算頻繁修剪仍生長迅速，可廣泛應用於前景到後景。頂端的芽很可愛，加上體積小，隨時隨地都好用。

水草 20

小竹葉

學名 ↝ *Heteranthera zosterifolia*
科名 ↝ 雨久花科
原產地 ↝ 南美
種植難易度 ↝ ☆
種植位置 ↝ 前～後
能用在任何位置的好搭配性，和清爽的淺綠色調是特徵。只要妥善控制生長的速度和斜向生長的枝葉，使其群生，就能創造出美麗的水景。

水草 21

香香草

學名 ↝ *Hydrocotyle leucocephala*
科名 ↝ 繖形科
原產地 ↝ 南美
種植難易度 ↝ ☆☆
種植位置 ↝ 後
會長出大大的圓狀葉，所以造景時多種在後景或角落。容易栽種，生長速度也快，但需要較多養分，須打造出養分充足且有助於扎根的環境。

水草 22

澳洲天胡荽

學名 ➳ *Hydrocotyle sp.*
科名 ➳ 繖形科
原產地 ➳ 澳洲
種植難易度 ➳ ☆☆
種植位置 ➳ 前～中

鮮豔的黃綠色圓葉有鋸齒狀邊緣。生長的速度和往周圍長的特性，不管水缸多大都適合。主要仰賴水中的養分，所以換水時可添加液體肥料。可以用來緩和後景與前景之間的落差。

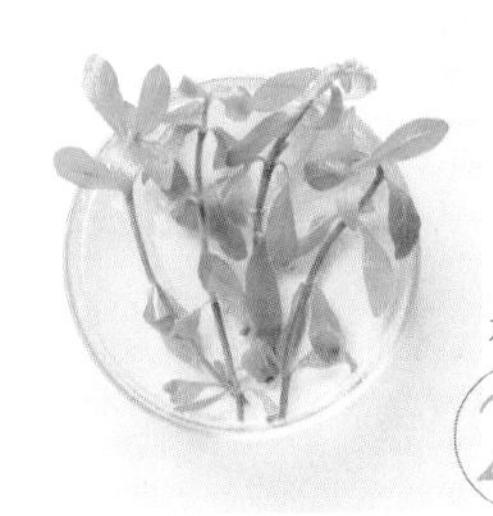

水草 23

小獅子草

學名 ➳ *Hygrophila polysperma*
科名 ➳ 爵床科
原產地 ➳ 東南亞
種植難易度 ➳ ☆
種植位置 ➳ 中～後

號稱是眾多有莖草中，最容易栽種的品種。翠綠色的細長葉子幾乎是直立生長，有養分就會長得很好，推薦給剛入門的水草新手玩家。

水草 24

紅絲青葉

學名 ➳ *Hygrophila polysperma*
科名 ➳ 爵床科
原產地 ➳ 改良品種
種植難易度 ➳ ☆☆
種植位置 ➳ 中～後

改良的完成度高，桃紅色葉子的葉脈呈白色花紋，美麗又容易種植，長年廣受喜愛。不管是只種單株或數株種在一起都好看，但美麗的頂芽能否長期維持是關鍵。

水草 25

大柳

學名 ➳ *Hygrophila corymbosa*
科名 ➳ 爵床科
原產地 ➳ 東南亞
種植難易度 ➳ ☆
種植位置 ➳ 後

它的挺水葉會令人猶豫能否用於水草造景，其實它會長出鮮綠色的美麗寬葉。直直往上生長的姿態，也是它好用的原因之一。可作為後景的水草，把數株種植在一起，欣賞群生之美。

水草 26

泰國中柳

學名 ➳ *Hygrophila corymbosa*
科名 ➳ 爵床科
原產地 ➳ 東南亞
種植難易度 ➳ ☆
種植位置 ➳ 後

和原種的大柳相比體積較小，葉子也較細。用來造景時，和原種的大柳一樣，妥善運用美麗的葉子，就能在後景製造出繁盛的感覺。

水草 27

水羅蘭

學名 ➳ *Hygrophila difformis*
科名 ➳ 爵床科
原產地 ➳ 東南亞
種植難易度 ➳ ☆
種植位置 ➳ 中～後

挺水葉和沉水葉的形狀有明顯的不同。也可依栽種條件欣賞其變化，明顯的裂葉讓它看起來更美麗。較大的葉子會斜斜地生長，鮮綠的色調很顯眼，所以種在造景的中央位置效果佳。

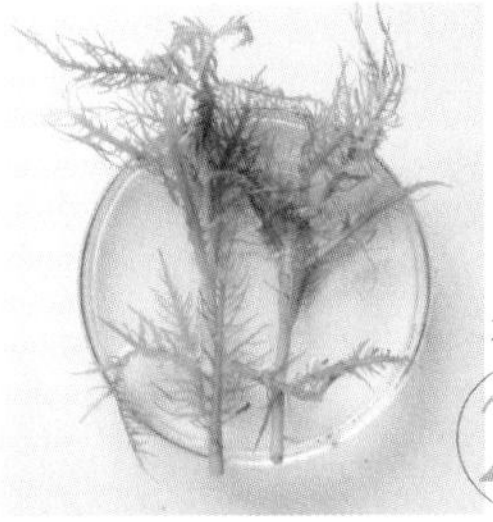

水草 28

細葉水羅蘭

學名 ➳ *Hygrophila balsamica*
科名 ➳ 爵床科
原產地 ➳ 東南亞
種植難易度 ➳ ☆☆
種植位置 ➳ 後

和㉗的水羅蘭一樣，挺水葉和沉水葉的形狀差異大，後者尤其細緻優美。會緩緩直立生長，也適合用來製作茂盛的後景。長得太茂盛時，可修剪後再種回底床。

水草 29

紫紅針葉柳

學名 ➳ *Hygrophila sp.*
科名 ➳ 爵床科
原產地 ➳ 南美
種植難易度 ➳ ☆☆☆
種植位置 ➳ 前

在同類中很少見的紫紅色葉子，竟能匍匐生長。栽種要多費點心思，注意是否光照不足。和其他水草如牛毛氈等種在一起，能呈現出自然感。

水草 30

印度水羅蘭

學名 ➳ *Hygrophila difformis*
科名 ➳ 爵床科
原產地 ➳ 印度
種植難易度 ➳ ☆☆
種植位置 ➳ 後

外形像是水羅蘭的挺水葉。分類上歸類為同種，葉型不深裂，而是呈現鋸齒狀的圓形，因此不佔空間，很容易種好。推薦用來表現後景的樹林等。

水草 31

皺斑中柳
學名 *Hygrophila violacea*
科名 爵床科
原產地 南美
種植難易度 ☆
種植位置 後

擁有大型葉的水蓑衣屬水草。和挺水葉相比，沉水葉較小，直立生長，適合用來製造茂密的後景。外型相似的水蓑衣有很多容易種植的品種，推薦給第一次種水草的人。

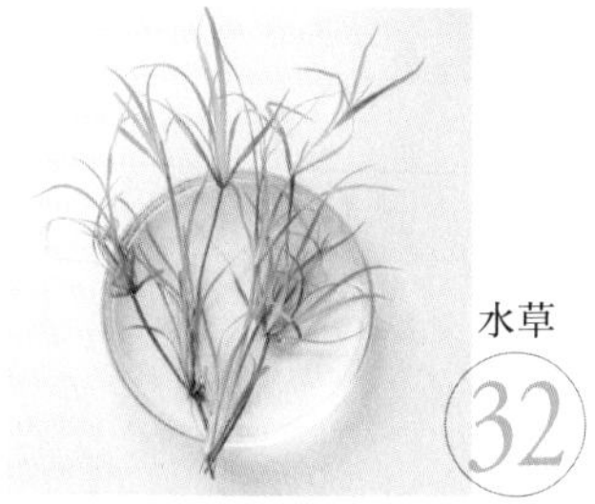

水草 32

赤焰燈芯草
學名 *Juncus repens*
科名 燈芯草科
原產地 北美
種植難易度 ☆☆
種植位置 前～後

葉子的形狀細長美麗，一株可分成幾小株，很常用於水草缸。就算只是種下細長的莖，也可能因營養不足而枯萎，要特別注意。葉子的顏色會變化，可用於各種造景配置。

水草 33

越南趴地三角葉
學名 *Limnophila sp.*
科名 車前草科
原產地 越南
種植難易度 ☆☆
種植位置 前～中

細細小小的翠綠色水草，藉由光照的增減可讓它爬生於底床，能用來打造前景到中景的綠意。算是比較新的品種，很受歡迎。

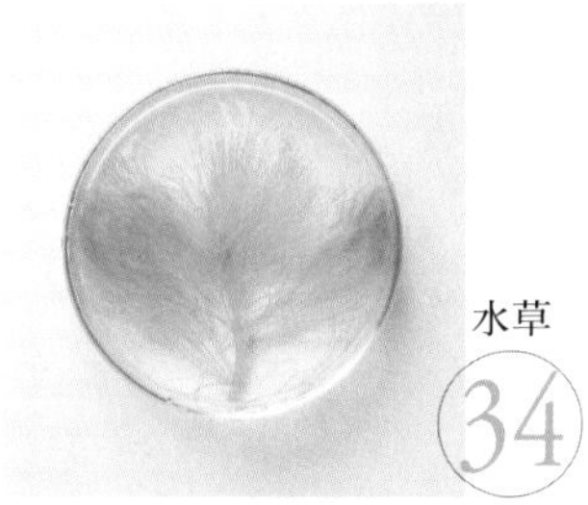

水草 34

大寶塔
學名 *Limnophila aquatica*
科名 車前草科
原產地 印度、斯里蘭卡
種植難易度 ☆☆
種植位置 後

細緻的輪生葉直徑可達 10 公分以上，就算只種一株也能感受到水草的魅力。它會生長開來，所以最好準備較寬敞的玻璃器皿。為它回應的美麗乾杯吧！

水草 35

水薄荷
學名 *Lindernia anagalis*
科名 玄參科
原產地 東南亞
種植難易度 ☆
種植位置 中～後

我自豪地向植物學者表示它有薄荷味，對方卻說這一點也不稀奇。陸地上的植物有薄荷味也許很常見，但水草光憑這一點就立刻使人傾心。它是直立地生長，翠綠的顏色也很容易搭配使用。

水草 36

羅貝力
學名 *Lobelia cardinalis*
科名 桔梗科
原產地 北美
種植難易度 ☆☆
種植位置 前～後

挺水葉和沉水葉的差異之大，教人難以相信是同一品種。水草缸裡粗壯的莖上，逐一生長著大小一致的綠色圓葉，是常用於荷蘭式水草造景缸的基本款。

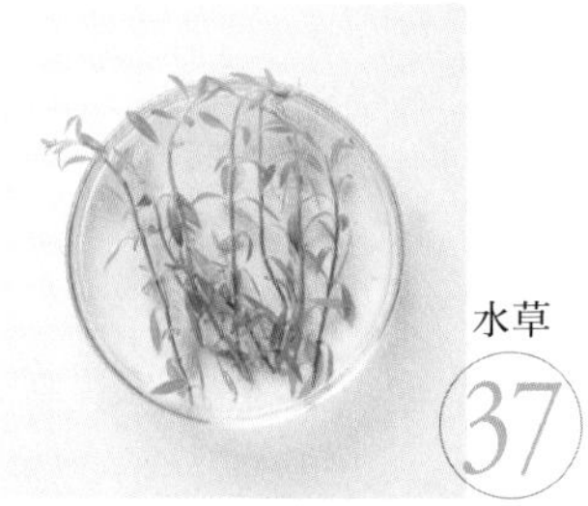

水草 37

小紅莓
學名 *Ludwigia arcuata*
科名 柳葉菜科
原產地 北美
種植難易度 ☆☆☆
種植位置 中～後

在帶有紅色的水草中，屬最細的品種之一。美麗的姿態和色調，是很常用的備受歡迎水草。一如它美麗纖細的形體，容易從底部溶掉，要特別留意。

水草 38

水草 38
大紅葉
學名 *Ludwigia glandulosa*
科名 柳葉菜科
原產地 北美
種植難易度 ☆☆☆
種植位置 中～後

除了超紅水丁香，它是顏色最紅的水草。生長速度緩慢，適合用來當作水景的視覺重點，但較不易栽種，要盡可能以高光照培育。

水草 39

龍捲風
學名 *Ludwigia inclinata var. verticillata*
科名 柳葉菜科
原產地 改良品種
種植難易度 ☆☆☆
種植位置 後

基本種紅太陽的變種多為兩片葉子對生，而變異的「龍捲風款」令人不禁驚嘆：「水草的世界太棒了！」捲曲的細葉是特徵，與其用來配置造景，更推薦欣賞單株植栽。

水草
40

古巴葉底紅

學名 ↝ *Ludwigia inclinata var. verticillata*
科名 ↝ 柳葉菜科
原產地 ↝ 改良品種
種植難易度 ↝ ☆☆☆
種植位置 ↝ 後

古巴產的紅太陽變種，有斑點，是很新種的水草。先不管這麼說這正不正確，變化的程度全靠管理。這個品種不易栽種，先買一株賞玩就好。

水草
41

紅太陽

學名 ↝ *Ludwigia inclinata*
科名 ↝ 柳葉菜科
原產地 ↝ 南美
種植難易度 ↝ ☆☆
種植位置 ↝ 中～後

我到位於南美洲中央世界最大的潘塔納爾溼地考察水草時，看到它生長在茶褐色的水中，就深深被吸引。栽種容易，帶有美麗的橘色，可應用於多種場景。

水草
42

綠紅太陽

學名 ↝ *Ludwigia sp "araguaia"*
科名 ↝ 柳葉菜科
原產地 ↝ 南美
種植難易度 ↝ ☆☆
種植位置 ↝ 中～後

這個品種的水草沒有同種特有的紅色，以前綠色品種為稀有種，現在兩種都為一般種。栽種容易，密集種植可呈現美麗的茂盛狀。讓它順著水面生長，就能明白葉子有多美。

水草
43

葉底紅

學名 ↝ *Ludwigia sp.*
科名 ↝ 柳葉菜科
原產地 ↝ 改良品種
種植難易度 ↝ ☆☆
種植位置 ↝ 中～後

和㊲的小紅莓相比，葉子雖然較寬，但因容易栽種和帶有美麗的紅色，常用於水草造景。多加修剪可欣賞群生之美。

水草
45

卵葉水丁香

學名 ↝ *Ludwigia ovalis*
科名 ↝ 柳葉菜科
原產地 ↝ 改良品種
種植難易度 ↝ ☆
種植位置 ↝ 中～後

和其他類似同類相比，這款水草的特色是能欣賞到葉子的漸層色彩。一樣容易栽種，會斜向往上生長，所以種得比較密集時，要留心不要擋到其他植物的光線。

水草
46

綠金錢草

學名 ↝ *Lysimachia nummularia*
科名 ↝ 櫻草科
原產地 ↝ 歐洲
種植難易度 ↝ ☆☆
種植位置 ↝ 前～後

和園藝種的銅錢草為同種。因其在陸上會往兩旁生長的特性，也被用來當作植被。在水中則直立、斜向生長，生命力強，但生長速度緩慢。

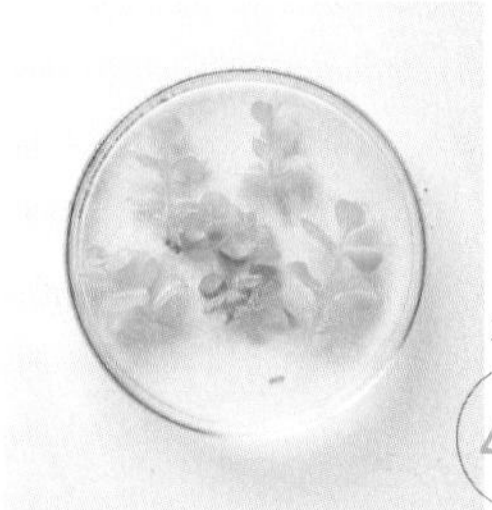

水草
47

黃金錢草

學名 ↝ *Lysimachia nummularia*
科名 ↝ 櫻草科
原產地 ↝ 改良品種
種植難易度 ↝ ☆☆
種植位置 ↝ 前～後

和基本種金錢草為同種，清透的黃綠色令人印象深刻。栽種方法和一般種一樣，生長速度緩慢。可利用其他品種少見的黃色，為荷蘭式水草造景增添亮點。

水草
44

玫瑰葉底紅

學名 ↝ *Ludwigia sp.*
科名 ↝ 柳葉菜科
原產地 ↝ 改良品種
種植難易度 ↝ ☆☆
種植位置 ↝ 中

算是這幾年比較新的水草，因鮮豔的紅色和小圓葉，馬上獲得大家的青睞。不僅如此，也常是大家表示最為喜愛、常用的品種。要維持美麗的外觀，修剪後的維護是重點。

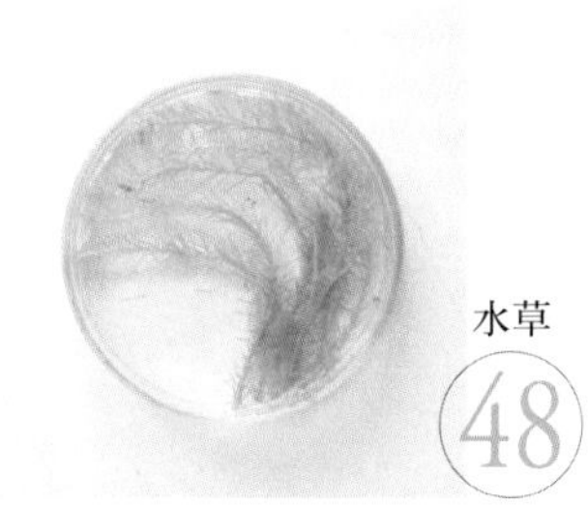

水草 48

綠苔草

學名 *Mayaca fluviatilis*
科名 苔草科
原產地 北美、南美
種植難易度 ☆
種植位置 後

我曾在潘塔納爾溼地看到它長著花芽，是我特別珍愛的水草。淺綠色的細葉長得茂密是其特徵，本書許多作品都有用到。生長速度快，須頻繁修剪，並注意不要讓它缺乏營養。

水草 49

南美大松尾

學名 *Mayaca sellowiana*
科名 苔草科
原產地 南美
種植難易度 ☆☆
種植位置 後

在只有賣綠苔草的二十年前，它可是以單株販售的「稀有種」之一，真是叫人懷念。買回後要維持它的狀態有點難度，頂芽很容易萎縮。保持一點間距並排栽種，看起來會很美。

水草 50

新大珍珠草

學名 *Micranthemum sp.*
科名 玄參科
原產地 南美
種植難易度 ☆
種植位置 前

前景草的超級巨星。數年前出現在市面後，馬上成為主流的前景草。生長速度快，即使頻繁修剪，沒多久又長長了，生命力旺盛。如果想在前景打造草皮的感覺，可說是效果最好的水草。

水草 51

大珍珠草

學名 *Micranthemum umbrosum*
科名 玄參科
原產地 北美、中美、南美
種植難易度 ☆☆
種植位置 中～後

就算種在玻璃杯的水草缸裡，只要有土壤就能長期維持。在水中直立生長，修剪過多次後，若底下的葉子開始枯萎，就差不多可以重種了。呈淺綠色、黃綠色的圓葉很美麗。

水草 52

紅羽毛

學名 *Myriophyllum sp.*
科名 小二仙草科
原產地 南美
種植難易度 ☆
種植位置 後

綠色的挺水葉有撥水性，硬把它沉入水中，看起來會是銀色的。沉水葉會變成美麗的橘色，生長速度也快，跟其他水草相比很有特色，利用價值高。挺水葉和沉水葉的顏色及形狀變化之大，只能為之讚嘆。

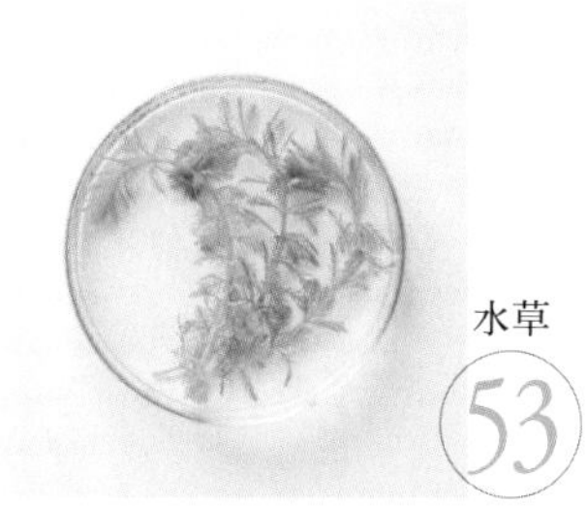

水草 53

綠羽毛

學名 *Myriophyllum elatinoides*
科名 小二仙草科
原產地 南美
種植難易度 ☆
種植位置 後

具透明感的深綠色，加入水草造景能產生侘寂之美的安定感。為襯托頂芽的美，也可栽種幾株經過修剪的水草。很容易用肉眼觀察到光合作用所產生的氧氣，好好品味這份感動吧。

水草 54

小紅葉

學名 *Nesaea sp.*
科名 千屈菜科
原產地 非洲
種植難易度 ☆☆☆
種植位置 中～後

鮮豔的紅色與其他水草對比很大。葉子大小和緩慢的生長速度，適合玻璃杯的水草造景，但一如「不會枯死但也不生長」這句話，不利於長期栽種，不妨當作有期限的「花」來欣賞。

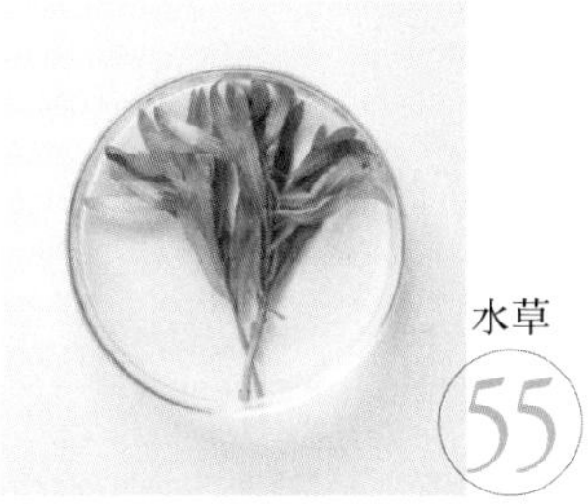

水草 55

非洲紅柳

學名 *Nesaea Pedicellata*
科名 千屈菜科
原產地 非洲
種植難易度 ☆☆
種植位置 後

我最喜歡的水草第三名，有 3 公分左右的對生葉。與其說是纖細，「大型」的印象更強些，擁有其他水草少見的獨特色澤。另外，葉子的質感高貴美觀，能為水景帶來柔和的感覺。

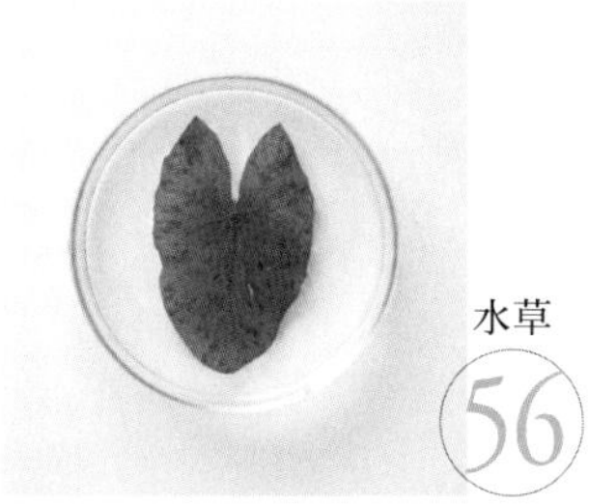

水草 56

紫睡蓮

學名 *Nymphaea lotus*
科名 睡蓮科
原產地 非洲
種植難易度 ☆
種植位置 中～後

睡蓮當中有許多適合水草造景缸的品種。一株就頗佔空間，可藉由減少葉子的數量，來長期欣賞它的美姿。配置造景時，注意別讓它在周邊的水草上形成陰影。

水草 57

香蕉草

學名 ↝ *Nymphoides aquatica*
科名 ↝ 龍膽科
原產地 ↝ 美國
種植難易度 ↝ ☆
種植位置 ↝ 前～中

因為草上長著小香蕉，外型十分搶眼。香蕉是養分，隨著葉子越長越大，香蕉大多會縮小。把浮水葉剪掉養成沉水葉，會變得很可愛。

水草 58

大百葉

學名 ↝ *Pogostemon stellatus*
科名 ↝ 唇形科
原產地 ↝ 東南亞
種植難易度 ↝ ☆☆☆
種植位置 ↝ 中～後

我最喜歡的水草第一名。它的輪生之美和以紅、黃、紫為主的低調色彩，還有頗具挑戰的種植難度，彷彿是為了水草缸而存在。造景時配置在中心位置，需要一定的空間。

水草 59

印度大松尾

學名 ↝ *Pogostemon erectus*
科名 ↝ 唇形科
原產地 ↝ 東南亞
種植難易度 ↝ ☆☆
種植位置 ↝ 中～後

近期才為人所知的水草。我很驚訝現在還有這樣的新水草出現。鮮豔的黃綠色和細緻的輪生葉很動人，而且易栽種，耐修剪，腋芽長得快，適合荷蘭式水草造景。

水草 60

章魚百葉草

學名 ↝ *Pogostemon sp.*
科名 ↝ 唇形科
原產地 ↝ 東南亞
種植難易度 ↝ ☆
種植位置 ↝ 後

在百葉草當中，算是生命力強的水草之一。就算頻繁修剪還是會冒出腋芽來，長出細長的輪生葉。種植時要準備大一點的玻璃容器，善用葉子明亮的顏色來造景。

水草 61

一點紅

學名 ↝ *Pogostemon sp.*
科名 ↝ 蓼科
原產地 ↝ 東南亞
種植難易度 ↝ ☆☆
種植位置 ↝ 後

直立硬挺的莖和帶紅色的互生葉，算是個性十足的水草，光是思考怎麼運用就很有趣。印象中栽種並不難，它喜歡把根牢牢扎進底床。

水草 62

穿葉眼子菜

學名 ↝ *Potamogeton perfoliatus*
科名 ↝ 眼子菜科
原產地 ↝ 南美以外的世界各地
種植難易度 ↝ ☆☆
種植位置 ↝ 後

眼子菜多為沉水植物，這種穿葉眼子菜也一樣。具有充滿透明感的互生葉，造景時要善加表現出頂芽的美，只要運用得宜，就能創造出沉靜的水景。

水草 63

尖葉眼子菜

學名 ⇀ *Potamogeton oxyphyllus*
科名 ⇀ 眼子菜科
原產地 ⇀ 日本
種植難易度 ⇀ ☆☆
種植位置 ⇀ 後

它的互生葉葉寬雖只有 2 ～ 5 公釐，長度卻可達 10 公分。沉穩的顏色使它廣受喜愛，適合用來打造玻璃缸後方微暗的林相。讓葉子順著水面生長，更能傳達出自然感。

水草 64

鹿角苔

學名 ⇀ *Riccia fluitans*
科名 ⇀ 浮苔科
原產地 ⇀ 世界各地
種植難易度 ⇀ ☆☆
種植位置 ⇀ 前

很多人因迷上鹿角苔而開始接觸水草缸，我也是其中之一。它原本是一種浮苔，將它沉到水裡，不僅會變身成鮮綠草皮般的水草，它因光合作用而吐出氧氣的姿態也很美。

水草 65

南美紅色小圓葉

學名 ⇀ *Rotala sp.*
科名 ⇀ 千屈菜科
原產地 ⇀ 巴西
種植難易度 ⇀ ☆☆☆
種植位置 ⇀ 中～後

不久前還被視為「稀有種」，現在算是一般品種。是否能成為一般種，要看日本或新加坡的水草農場能否量產。帶一點淡淡的紅色，是很美的水草。

memo

互生
莖節上交互長出 1 片葉子

對生
莖節上長出 2 片相對的葉子

輪生
莖節上長出 3 片以上的葉子

水草 66

紅蝴蝶

學名 ➾ *Rotala macrandra*
科名 ➾ 千屈菜科
原產地 ➾ 印度
種植難易度 ➾ ☆☆☆
種植位置 ➾ 後

紅色系水草的代表品種，又名「紅葉過長沙」。大片葉子的質感和不過紅的美麗姿態很迷人。過去會藉由這種水草的生長情形，來評估水缸的狀態。對水草玩家來說，是一種充滿回憶的水草。

水草 67

窄葉紅蝴蝶

學名 ➾ *Rotala macrandra*
科名 ➾ 千屈菜科
原產地 ➾ 改良品種
種植難易度 ➾ ☆☆☆
種植位置 ➾ 後

和⑥⑥的紅蝴蝶同樣美麗，雖然有其他外貌相似的水草，但它就是特別高雅。讓它在後景群生，可呈現出美麗高貴的感覺。若看到生長狀態良好的植株，最好趕快買下來。

水草 68

越南百葉

學名 ➾ *Rotala sp.*
科名 ➾ 千屈菜科
原產地 ➾ 東南亞
種植難易度 ➾ ☆
種植位置 ➾ 中～後

紅色的莖和茶褐色的細葉令人印象深刻。耐修剪，生長速度也快，不侷限在後景，種在中央位置附近也很有意思，是兼具美麗與易種的特性，我非常推薦這種水草。

水草 69

青蝴蝶

學名 ➾ *Rotala macrandra*
科名 ➾ 千屈菜科
原產地 ➾ 印度
種植難易度 ➾ ☆☆
種植位置 ➾ 中～後

紅蝴蝶有許多不同品種，這也是其中之一。相較於基本種，它葉子更小，生長速度更快，栽種也容易，而且也耐修剪，適合用來配置造景，所以常用於水草缸。

水草 70

粉紅宮廷草

學名 ➾ *Rotala rotundifolia*
科名 ➾ 千屈菜科
原產地 ➾ 東南亞
種植難易度 ➾ ☆
種植位置 ➾ 後

若想栽種紅色系水草，建議先從這種開始。它是種植難易度、生長速度、耐修剪的程度三者兼具的資優生。群生之美值得一看，因生長快速，造景時基本上用於後景。

水草 71

紅宮廷草

學名 ➾ *Rotala rotundifolia*
科名 ➾ 千屈菜科
原產地 ➾ 東南亞
種植難易度 ➾ ☆
種植位置 ➾ 後

宮廷草依產地不同有很多變異種，色彩或生長上都略有差異。比起粉紅宮廷草，紅宮廷草不只更紅，葉子也更細長。栽種容易，是非常優美的品種。

水草 72

宮廷草

學名 ➾ *Rotala rotundifolia*
科名 ➾ 千屈菜科
原產地 ➾ 東南亞
種植難易度 ➾ ☆
種植位置 ➾ 後

號稱會開花的宮廷草是以盆裝購入，不禁讓人想大呼「原來這也是水草！」使我重新感受到水草的美妙。欣賞過花朵以後，直接讓它沉進水裡，可觀賞花芽前端長出的沉水葉，相當有趣。

水草 73

綠宮廷草

學名 ➾ *Rotala rotundifolia*
科名 ➾ 千屈菜科
原產地 ➾ 東南亞
種植難易度 ➾ ☆
種植位置 ➾ 中～後

近年來最頻繁用於水草造景的有莖草。鮮綠細長的姿態、生長快速、耐修剪，能夠斜上生長這一點更是它的特色，也可以讓它沿著底床匍匐生長。

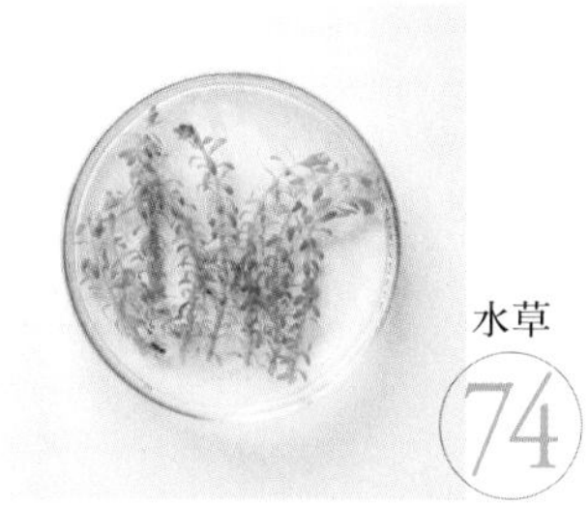

綠松尾

學名 ↝ *Rotala sp.*
科名 ↝ 千屈菜科
原產地 ↝ 台灣
種植難易度 ↝ ☆☆
種植位置 ↝ 後

從深綠色的小小挺水葉到清爽的沉水葉，天天觀察下來會覺得很開心。反覆的修剪後，頂芽容易萎縮這點雖稍有不足，但十分有助於造景，是非常好用的水草。

紅松尾

學名 ↝ *Rotala wallichii*
科名 ↝ 千屈菜科
原產地 ↝ 東南亞
種植難易度 ↝ ☆☆☆
種植位置 ↝ 後

「紅松尾」這個名字十分具象，很好記，也因此有高知名度。可欣賞群生之美。生長速度快，需要頻繁的修剪。如果頂芽變成粉紅色，就表示營養不良。

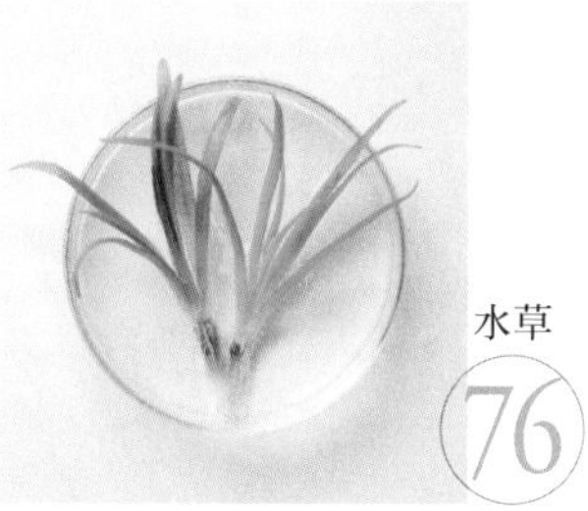

迷你水蘭

學名 ↝ *Sagittaria sublata var. pusilla*
科名 ↝ 澤瀉科
原產地 ↝ 北美
種植難易度 ↝ ☆☆
種植位置 ↝ 前～後

名稱給人可愛小巧的印象，但其實會長出厚實的葉。剛購入時葉子只有 5 公分左右，種植扎根後，葉長可達 15 公分，能賦予水景自然感。

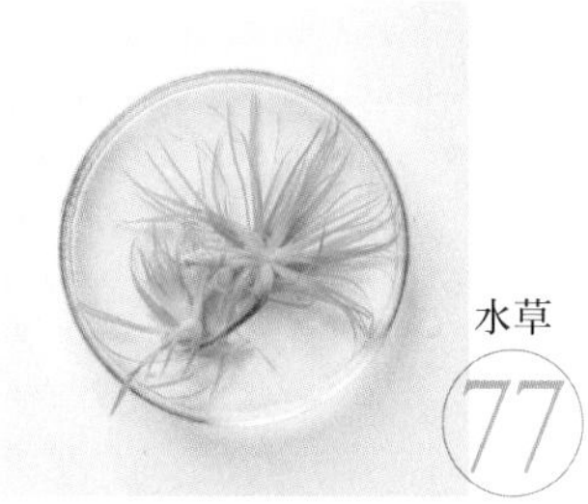

穀精太陽草

學名 ↝ *Syngonanthus sp.*
科名 ↝ 穀精草科
原產地 ↝ 南美
種植難易度 ↝ ☆☆☆
種植位置 ↝ 中～後

帶起搜集「稀有種」熱潮的水草。一開始號稱是「最難培育的品種」，讓許多玩家都想嘗試栽種。隨著水草缸用的土壤開始普及，水草農場也視它為一般品種，藉由調整水質，現已不再那麼嬌貴難種。

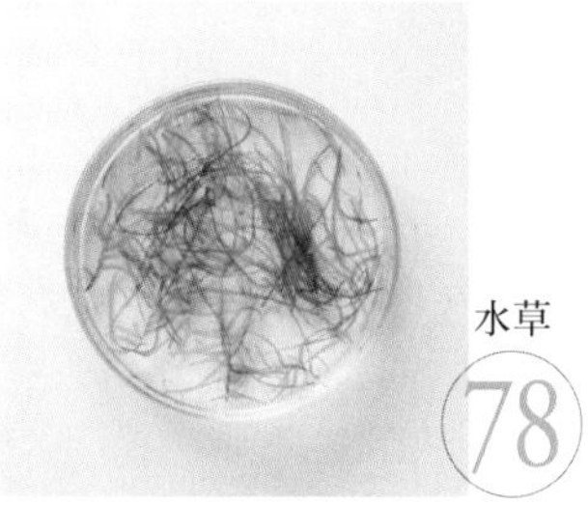

爪哇莫絲

學名 ↝ *Taxiphyllum barbieri*
科名 ↝ 灰蘚科
原產地 ↝ 溫帶亞洲、熱帶亞洲
種植難易度 ↝ ☆
種植位置 ↝ 附生

附生苔癬的同類，即「青苔」。利用青苔最大的特徵「有的會附著在石頭或沉木」，把它綁在石頭或沉木上，可欣賞時間流逝的變化。它在吸收養分的同時，也可以淨化水質。

火焰莫絲

學名 ↝ *Taxiphyllum sp.*
科名 ↝ 灰蘚科
原產地 ↝ 亞洲等
種植難易度 ↝ ☆
種植位置 ↝ 附生

一如其名，生長的形態像火焰的奇特苔癬。幾乎沒有附生能力，需要常常固定。生長的姿態很美，只要綁在沉木等，就會馬上有常綠樹的感覺。

寬葉太陽草

學名 ↝ *Tonina fluviatilis*
科名 ↝ 穀精草科
原產地 ↝ 南美
種植難易度 ↝ ☆☆☆
種植位置 ↝ 中～後

是和穀精太陽草並列，受到特別待遇的水草。在亞馬遜河隨處可見穀精太陽草和這種水草，我很懷念當時的興奮之情。它的莖很健壯，從水面竄出生長的姿態極具美感。

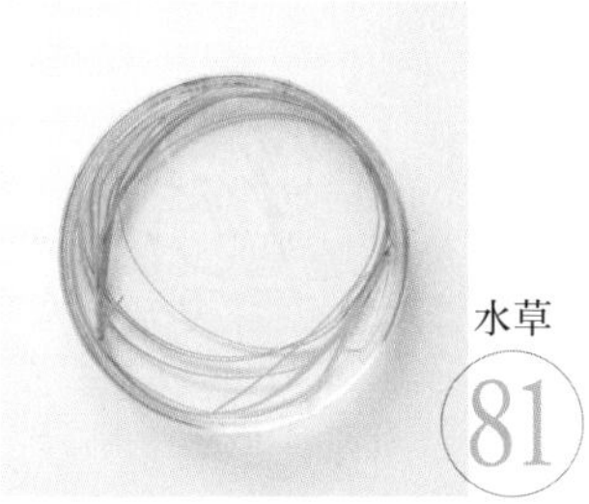

細葉水蘭

學名 ↝ *Vallisneria nana*
科名 ↝ 水鱉科
原產地 ↝ 澳洲
種植難易度 ↝ ☆☆
種植位置 ↝ 後

日本也有野生的水蘭同類，如琵琶湖的扭蘭和日本特有種日本水蘭（Vallisneria asiatica var. higoensis）等。其中這種水草的葉子最細，使用機會也高。葉長可超過 30 公分，應考慮水缸的尺寸和配置，定期調整生長的狀況。

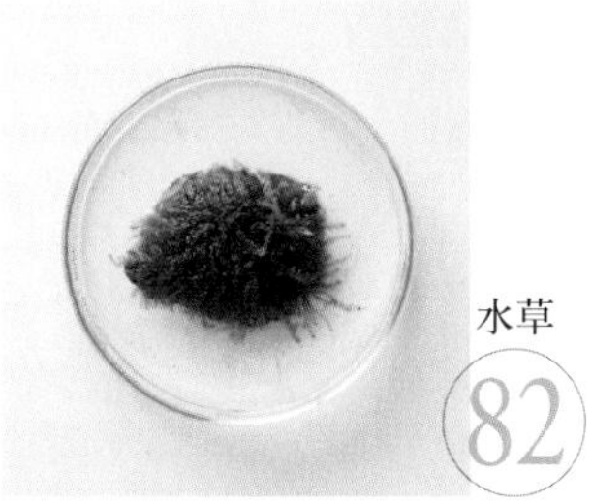

眼淚莫絲

學名 ↝ *Vesicularia ferriei*
科名 ↝ 灰蘚科
原產地 ↝ 日本
種植難易度 ↝ ☆☆
種植位置 ↝ 附生

一如其名般垂墜生長。附生在沉木或石頭上會呈現垂墜的樣態，隨著沉木落下的樣子就像大自然一樣。附生能力較翡翠莫絲稍弱，但魅力不減。

多肉植物・空氣鳳梨圖鑑

初學者也能養好的43款人氣品種

解說＊中山茜

多肉植物 1

黑法師

學名＊*Aeonium 'Zwartcop'*
屬名＊蓮花掌屬
科名＊景天科
原產地＊加那利群島、地中海西部
培育類型＊冬型

黑葉子帶點豔麗的紫紅色，很有魅力，讓人想在玻璃植栽盆景中，多利用這種個性十足的顏色。春天會開黃色的花朵。避免澆太多水，放置在通風的地方。

memo

查閱說明

＊培育類型是指在日本栽種的情形。
春秋型＝春天、秋天季節氣候溫和時生長，夏天、冬天休眠。
夏型＝春天到夏天、秋天生長，冬天休眠。
冬型＝秋天到冬天、春天生長，夏天休眠。

多肉植物 2

四角鸞鳳玉

學名 ✳ *Astrophytum myriostigma*
屬名 ✳ 星球屬
科名 ✳ 仙人掌科
原產地 ✳ 墨西哥
培育類型 ✳ 夏型

鸞鳳玉（基本上是五稜）為四稜的品種。屬名是希臘語「ástron」（星星）和「phŷton」（植物）的複合語。從上方看外觀呈星形，整體猶如星星般的斑點而得名。不耐日曬，夏天要避免陽光直射。

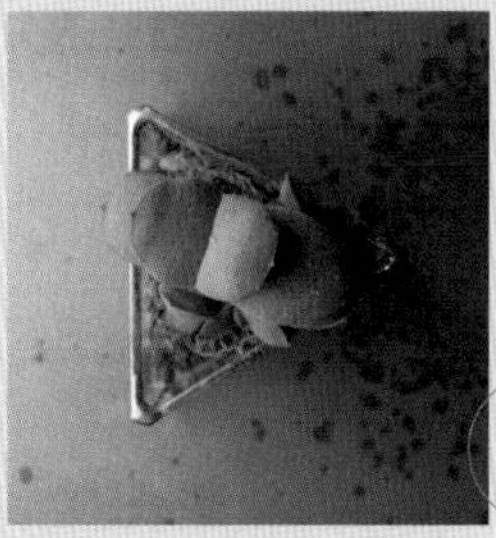

多肉植物 3

白雪姬

學名 ✳ *Gasteria glomerata*
屬名 ✳ 鯊魚掌屬
科名 ✳ 百合科
原產地 ✳ 南非
培育類型 ✳ 夏型

多肉植物中算強韌的鯊魚掌屬。因花的形狀像胃（gaster）而得此學名，形狀鼓鼓的很可愛。葉子厚實的小型品種，於春、夏生長期確實澆水的話，在遮陽處也能長得好。

多肉植物 4

小公子

學名 ✳ *Conophytum nelianum*
屬名 ✳ 肉錐花屬
科名 ✳ 番杏科
原產地 ✳ 南非、納米比亞
培育類型 ✳ 冬型

外觀奇特像分趾襪，會反覆脫皮生長。秋天至春天是生長期的冬型，夏天休眠期要實行斷水管理，避免悶熱，放置在明亮的遮陽處。初秋葉子會像枯掉般出現皺紋，然後脫皮。

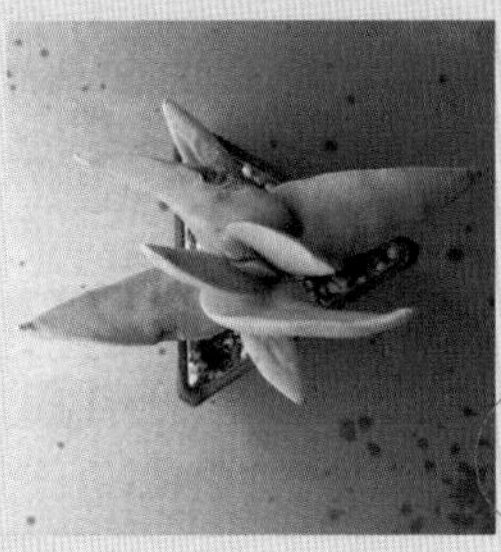

多肉植物 5

神刀

學名 ✳ *Crassula falcata*
屬名 ✳ 青鎖龍屬
科名 ✳ 景天科
原產地 ✳ 非洲南部～東部
培育類型 ✳ 夏型

平滑質感的青綠刀形葉是特徵。葉子往兩方左右交互，並往上重疊生長。可以長到大型，只從側邊長出子株。夏天避免陽光直射，以防葉子曬枯。

多肉植物 6

筒葉花月（吸財樹）

學名 ✳ *Crassula ovata 'Gollum'*
屬名 ✳ 青鎖龍屬
科名 ✳ 景天科
原產地 ✳ 非洲南部～東部
培育類型 ✳ 夏型

大家熟知的「發財樹」變種，不可思議的形狀讓它又名「宇宙樹」。葉子前端凹進去如筒狀，非常特別。莖會木質化，最好終年放置在日光充足的窗邊，冬天要特別養在室內保護。

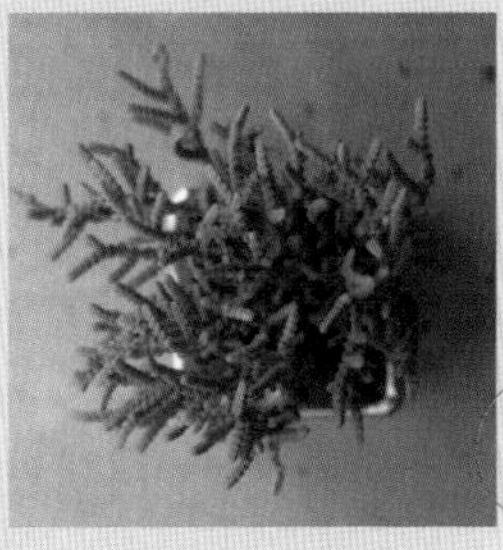

多肉植物 7

若綠

學名 ✳ *Crassula lycopodioides var. pseudolycopodioides*
屬名 ✳ 青鎖龍屬
科名 ✳ 景天科
原產地 ✳ 非州西南部
培育類型 ✳ 夏型

細密的小葉連結成繩狀是特徵，頗有分量。要放置在日光充足、通風處，不耐悶熱，所以葉子若長得太密，可於春天修剪維護。同品系的還有鮮亮黃綠色的「姬綠」品種。

多肉植物 8

小米星

學名 ✳ *Crassula cv.Tom Thumb*
屬名 ✳ 青鎖龍屬
科名 ✳ 景天科
原產地 ✳ 非洲南部～東部
培育類型 ✳ 夏型

有厚度的三角葉左右對稱呈十字狀，看起來像星形，是名稱有「星」的多肉植物中最小型的。要放置在明亮通風處，葉子間距若變得過大，是日照不足的跡象。適合用來營造清爽開朗的氣氛。

多肉植物 9

金晃丸

學名 ✳ *Eriocactus leninghausii*
屬名 ✳ 錦繡玉屬
科名 ✳ 仙人掌科
原產地 ✳ 巴西、巴拉圭
培育類型 ✳ 夏型

這種仙人掌的特徵是有金色細細的軟刺。是在氣溫 20 ～ 30 度的高溫期生長的夏型，等土確實乾了的 7 ～ 10 天後再澆水。溼度高的梅雨季節和嚴冬時，可以不用澆水。

多肉植物 10

英冠玉

學名 ✳ *Eriocactus magnificus*
屬名 ✳ 錦繡玉屬
科名 ✳ 仙人掌科
原產地 ✳ 巴拉圭
培育類型 ✳ 夏型

細白的刺沿稜線排列，十分美麗。夏天會開黃色的花朵。起初是球形，隨生長變成圓柱形。生命力強，容易栽種，養在日光充足、通風的窗邊或室內，會長得更大更美觀。

多肉植物 11

紅彩閣
學名 ✳ *Euphorbia enopla*
屬名 ✳ 大戟屬
科名 ✳ 大戟科
原產地 ✳ 南非
培育類型 ✳ 夏型
如同仙人掌的姿態和紅色的刺是特徵，但它並非仙人掌科。春天會開黃色花朵。生長屬於夏型，喜好日光，常曬太陽刺會長成鮮紅色。生命力強，容易栽種。切口滲出的乳汁沾到手會發癢，要注意。

多肉植物 12

白樺麒麟
學名 ✳ *Euphorbia mammillaris variegata*
屬名 ✳ 大戟屬
科名 ✳ 大戟科
原產地 ✳ 南非
培育類型 ✳ 夏型
鋸齒狀的白色表面是特徵，秋天到冬天會變成淡紫色。生長屬夏型，喜好日光，生命力強，容易栽種。上頭有刺狀的東西是花莖，頂部會長出粉紅色小花。切口滲出的乳汁沾到手會紅腫，要注意。

多肉植物 13

無刺王冠龍
學名 ✳ *Ferocactus glaucescens f. nuda*
屬名 ✳ 強刺屬
科名 ✳ 仙人掌科
原產地 ✳ 墨西哥
培育類型 ✳ 夏型
原本有刺的王冠龍，特徵是擁有清亮的艾草色，在強刺屬中的普及性很高。這是變種成無刺的品種，姿態可愛，相當受青睞。生長期屬夏型，喜好日光，平常放置在明亮通風的地方。

多肉植物 14

姬朧月
學名 ✳ *Graptosedum 'Bronze'*
屬名 ✳ 風車草屬
科名 ✳ 景天科
原產地 ✳ 中美、墨西哥
培育類型 ✳ 春秋型
花形般的葉子讓人聯想到玫瑰。紅褐色的葉子是其特徵，莖會逐漸長高變成群生。生長屬夏型，喜好日光，如果葉子之間的間距太開，就是日照不足的跡象。生命力旺盛，把葉子或芽株插到土裡就能簡單繁殖。

多肉植物 15

聖王丸
學名 ✳ *Gymnocalycium buenekeri*
屬名 ✳ 裸萼屬
科名 ✳ 仙人掌科
原產地 ✳ 巴西南部
培育類型 ✳ 夏型
原文有「五支（penta）的刺（acantha）」之意，基本上有五條稜線，但也有四條的品種。和一般仙人掌相比，不愛強烈日光，要避免長時間陽光直射。春天會開粉紅色的花。

多肉植物 16

姬玉露
學名 ✳ *Haworthia cooperi var. pilifera*
屬名 ✳ 鷹爪草屬（軟葉系）
科名 ✳ 百合科
原產地 ✳ 南非
培育類型 ✳ 春秋型
短短的葉子簇擁著生長，頂端能引光的半透明部分稱為「窗」，是很受歡迎的小型品種。不愛強烈日光，所以要避免長時間陽光直射。如果短葉的前端變得軟趴趴且呈不規則狀，就是日照不足的徵兆。

多肉植物 17

十二之卷
學名 ✳ *Haworthia attenuata*
屬名 ✳ 鷹爪草屬（硬葉系）
科名 ✳ 百合科
原產地 ✳ 南非
培育類型 ✳ 春秋型
十二之卷有各式各樣種類，有別於軟葉系，這是不透明、硬葉的鷹爪草代表種。莖的外側有白色條紋，尖尖的葉子呈放射狀。不耐強烈陽光照射，照到強光葉尖會變成棕色枯掉，請注意。

多肉植物 18

龍城
學名 ✳ *Haworthia viscosa*
屬名 ✳ 鷹爪草屬
科名 ✳ 百合科
原產地 ✳ 南非
培育類型 ✳ 春秋型
屬於硬葉的鷹爪草，厚實的三角葉往三個方向生長，如一座塔般長高。不喜強烈日光，放在半陰處就能生長，但如果日照不足，葉子的間距又會長太開，要注意。推薦給想要盆景呈現俐落感時選用。

多肉植物 19

蛾角
學名 ✳ *Huernia brevirostris*
屬名 ✳ 龍角屬
科名 ✳ 蘿藦科
原產地 ✳ 非洲
培育類型 ✳ 夏型
粗粗刺刺的莖往四方扭曲生長。在日光較少的地方也能生長，但根容易腐爛，澆水後要放在通風的地方。充滿存在感，能打造出很有震撼力的玻璃植栽盆景。

多肉植物 20

福來玉

學名 ✳ *Lithops julii ssp. fulleri*
屬名 ✳ 石生花屬
科名 ✳ 番杏科
原產地 ✳ 南非、納米比亞
培育類型 ✳ 冬型

又名「活寶石」的獨特石頭玉品種，頂端有裂紋狀的半透明「窗」。屬於秋至冬季生長的冬型，夏天休眠期時放置在半陰涼處，不要澆水，一整年都維持乾燥。還有鮮紅色的「紅福來玉」和茶褐色的「福來玉」等品種。

多肉植物 21

朱雲

學名 ✳ *Melocactus matanzanus*
屬名 ✳ 花座球屬
科名 ✳ 仙人掌科
原產地 ✳ 中美、古巴
培育類型 ✳ 夏型

稱為「花座球」的仙人掌類型之一，達開花年齡時，頂端會長出覆蓋著刺和線毛的「花座」，中央開出橘色的花朵，是相當特別的仙人掌。平常要養在日光充足的地方，注意乾燥。

多肉植物 22

龍神木

學名 ✳ *Myrtillocactus geometrizans*
屬名 ✳ 龍神木屬
科名 ✳ 仙人掌科
原產地 ✳ 墨西哥
培育類型 ✳ 夏型

青綠色的表面是其特徵的柱狀仙人掌。在玻璃植栽盆景中，適合和礦物、貝殼等天然素材搭配。春天到秋天是生長期，要養在日光充足、通風的地方。一天至少曬3～4小時太陽，顏色、形狀就會漂亮。

多肉植物 23

白烏帽子

學名 ✳ *Opuntia microdasys var.albispina*
屬名 ✳ 仙人掌屬
科名 ✳ 仙人掌科
原產地 ✳ 墨西哥
培育類型 ✳ 夏型

又名「兔耳」，是貌似兔子的可愛品種。因擁有扁平如扇子的莖，所以又稱「象牙團扇」。繁殖力旺盛，莖的頂端會冒出許多新芽。整體有很多細小的刺，要小心被刺傷。

多肉植物 24

黃花新月

學名 ✳ *Othonna capensis*
屬名 ✳ 敦菊屬
科名 ✳ 菊科
原產地 ✳ 非洲
培育類型 ✳ 冬型

淡紫色的莖長著垂下的葉，會開出黃色的花朵。在生長期的秋冬多曬太陽，葉子會轉變為紫紅色。如果葉子沒有彈性出現皺紋，就該澆水了。使用於玻璃植栽盆景時，推薦種在吊掛的容器。

多肉植物 25

白雲閣

學名 ✳ *Pachycereus marginatus*
屬名 ✳ 摩天柱屬
科名 ✳ 仙人掌科
原產地 ✳ 墨西哥
培育類型 ✳ 夏型

刺很短，看起來如有白色的稜線是特徵。耐乾燥，生命力強，可以長得很大，在原產地，人們甚至直接種在地上當作籬笆。最低氣溫至10℃，要養在日光充足、溫暖的地方。好高溫，不喜低溫多溼的環境。

多肉植物 26

雷神柱

學名 ✳ *Polaskia chichipe*
屬名 ✳ 雷神柱屬
科名 ✳ 仙人掌科
原產地 ✳ 墨西哥
培育類型 ✳ 夏型

表面像撒了白粉一樣（隨生長變成條紋），長著棕色刺的柱狀仙人掌。刺會從棕色變成黑褐色，最後又變白。冬天多曬太陽會長出花芽，於春天開花。生命力強，但若是日照不足，會變得軟趴趴。

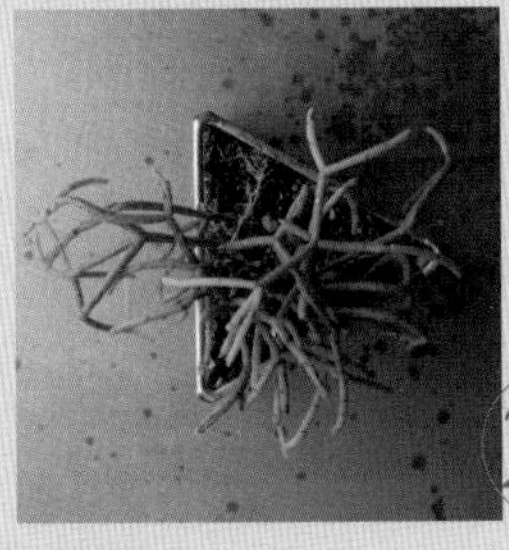

多肉植物 27

巴車利絲葦

學名 ✳ *Rhypsalis burchellii*
屬名 ✳ 絲葦屬
科名 ✳ 仙人掌科
原產地 ✳ 巴西
培育類型 ✳ 夏型

又稱森林性的仙人掌，能附生在樹木和岩石上，一節一節的莖垂下生長。不喜歡太強的陽光，放在室內比較照顧得好。葉子好溼度，多用噴霧器灑水。細細的條狀莖形似柳樹的風情。

多肉植物 28

美空鉾（藍月亮）

學名 ✳ *Senecio antandroi*
屬名 ✳ 黃菀屬
科名 ✳ 菊科
原產地 ✳ 西南非、馬達加斯加
培育類型 春秋型

青綠色的細葉立著生長。小小圓圓的樣子很可愛。澆太多水的話，葉子會呈現散開的狀態，看起來不太協調。耐熱耐寒，容易種植。若葉子變得太細，就是該澆水的跡象。春天到初夏的時節適合換盆。

多肉植物

29

大弦月

學名 ⁕ *Senecio rowleyanus*
屬名 ⁕ 黃菀屬
科名 ⁕ 菊科
原產地 ⁕ 西南非
培育類型 春秋型

細長的球狀葉垂下生長，推薦吊掛作為裝飾。據說葉子是為了儲存水分，才進化成圓形。盛夏時要避免陽光直射，放置在半陰涼處。屬於春秋型，但生命力強，夏天、冬天也會生長。另有帶白色斑紋的品種。

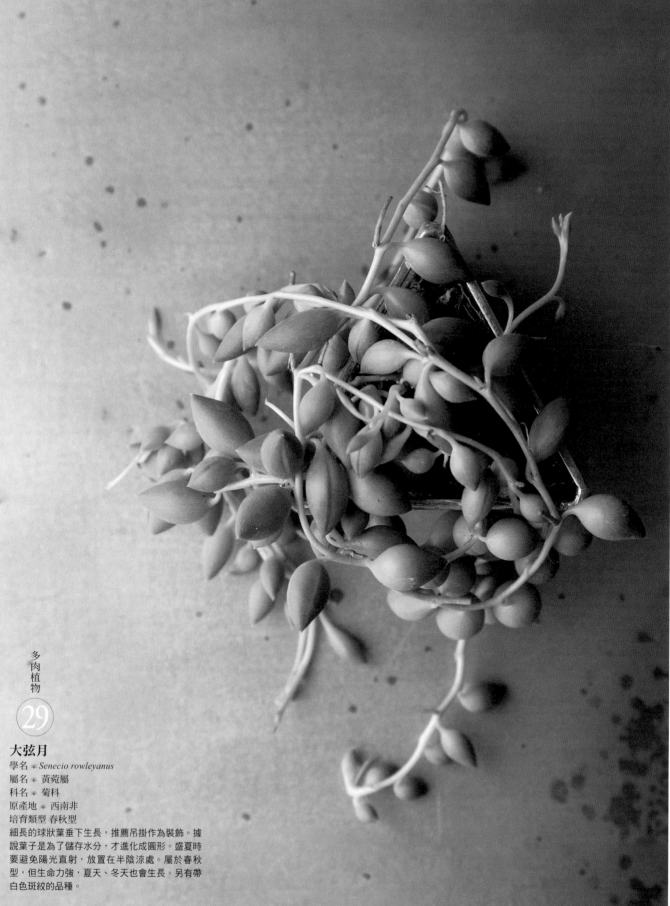

✳ 這裡介紹的空氣鳳梨都是鐵蘭屬、鳳梨科。

空氣鳳梨 1

貝可利

學名 ✳ *Tillandsia brachycaulos*
原產地 ✳ 中南美
培育類型 ✳ 夏型
葉子類型 ✳ 綠葉系
有光澤的綠色葉子喜歡高溼度，可觀察葉子的狀況以噴霧器灑水。特別是感覺沒有活力時，把它浸在水裡約 2 分鐘，再把水輕輕甩掉，放到通風的地方。如果葉子內側出現捲曲，就是缺水的徵兆。

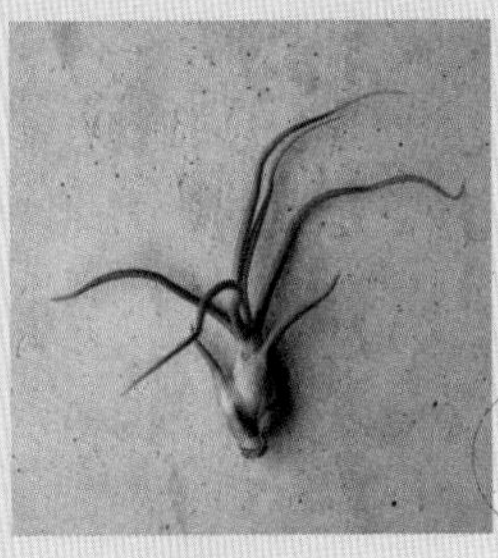

空氣鳳梨 2

章魚／小蝴蝶

學名 ✳ *Tillandsia bulbosa*
原產地 ✳ 墨西哥
培育類型 ✳ 夏型
葉子類型 ✳ 綠葉系
學名是因其形狀像球根（bulb）而得名，從壺形的根莖長出扭曲的葉，簡直不像植物，相當有個性。變異種很多，小型到大型都有，大紅色的花苞開出紫色的花朵。屬於綠葉系，不耐乾燥，增加溼度才能養出漂亮的形狀。

空氣鳳梨 3

虎斑

學名 ✳ *Tillandsia butzii*
原產地 ✳ 墨西哥～巴拿馬
培育類型 ✳ 夏型
葉子類型 ✳ 綠葉系
壺形的莖部長出帶斑點的扭曲長葉是其特徵。特別喜歡高溼度，多澆水照顧，不要讓細細的葉尖太乾燥。夏天要避免悶熱，澆水後不要馬上放回容器，先通風晾乾。裝在玻璃杯裝飾會很漂亮。

空氣鳳梨 4

卡比它它

學名 ✳ *Tillandsia capitata*
原產地 ✳ 墨西哥～中美
培育類型 ✳ 夏型
葉子類型 ✳ 銀葉系
有黃、紅、桃紅等顏色的品種。這個品種帶有一點橘色，翠綠色的葉子是特徵，開花時顏色會變得鮮紅美麗。如果葉子內側出現捲曲，就是缺水的徵兆。

空氣鳳梨 5

女王頭

學名 ✳ *Tillandsia caput-medusae*
原產地 ✳ 中南美～墨西哥
培育類型 ✳ 夏型
葉子類型 ✳ 銀葉系
名稱原指希臘神話中頭髮是蛇的女妖美杜莎，所以叫作「女王頭」。壺形的莖部長出扭曲的葉子，葉子表面覆蓋著白色細緻的毛狀體，很耐旱，易栽種。

空氣鳳梨 6

費西古拉塔

學名 ✳ *Tillandsia fasciculata*
原產地 ✳ 美國～哥斯大黎加
培育類型 ✳ 夏型
葉子類型 ✳ 銀葉系
光看這張照片可能想像不出，它會逐漸長成放射狀。屬於葉子表面覆蓋毛狀體的銀葉系，生命力強，容易栽種，可養到直徑達 50 公分，可以說是大型種的入門品種。不過，它的生長速度很緩慢。

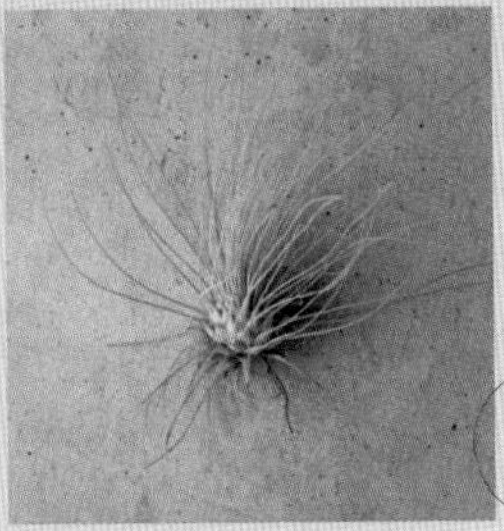

空氣鳳梨 7

海膽

學名 ✳ *Tillandsia fuchsii f. gracilis*
原產地 ✳ 墨西哥～中美
培育類型 ✳ 夏型
葉子類型 ✳ 銀葉系
壺形的部分有淡淡的條紋，展開像針一樣的密密細葉，獨特的姿態很有趣。基本上容易栽種，不過不太耐夏天的悶熱。若是太乾燥，細緻的葉尖會變棕色枯萎，要注意。

空氣鳳梨 8

哈里斯

學名 ✳ *Tillandsia harrisii*
原產地 ✳ 瓜地馬拉
培育類型 ✳ 夏型
葉子類型 ✳ 銀葉系
有著厚實的銀白色葉子，是美麗的銀葉系代表品種，光是銀白色的葉子就很有欣賞價值。市面上多有販售，生命力強，容易栽種，推薦給新手。呈螺旋狀的葉很細緻，容易折斷，要小心處理。

空氣鳳梨 9

棉花糖

學名 ✳ *Tillandsia 'Cotton Candy'*
原產地 ✳ 園藝品種
培育類型 ✳ 夏型
葉子類型 ✳ 銀葉系
多國花（Tillandsia stricta）和橘色花（Tillandsia recurvifolia）的交配種。銀色毛狀體很顯眼，會開出桃紅色的美麗花朵。容易栽種，也容易長出子株，放在室內，以隔著窗簾的日光來培育最佳。

memo

查閱說明

* 葉子的類型依生態上的顏色分類。
  銀葉系＝毛狀體（葉子上的細毛）密集，外觀呈銀色。
  綠葉系＝毛狀體稀疏不明顯，外觀呈綠色。

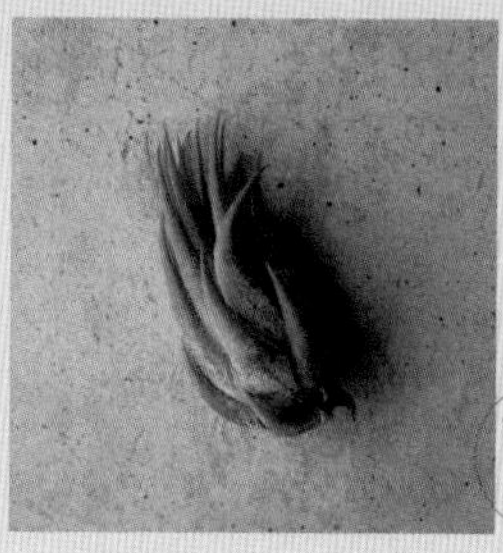

空氣鳳梨 10

酷比

學名 * *Tillandsia kolbii*
原產地 * 墨西哥～中美
培育類型 * 夏型
葉子類型 * 銀葉系

因其葉子朝同一方向呈捲曲狀而廣受喜愛。可利用其捲曲的形狀，放入圓形的玻璃容器，欣賞它的生長狀況。耐乾燥，容易栽種，葉尖在開花期會呈現紅色。

空氣鳳梨 11

大天堂

學名 * *Tillandsia pseudo-baileyi*
原產地 * 中南美～墨西哥
培育類型 * 夏型
葉子類型 * 綠葉系

因外觀和另一種品種「貝利藝」（baileyi）相似，在日本又名「假貝利藝」。葉子堅硬，呈直條紋的筒狀。生長速度很慢，太乾燥的話，壺形的根部會出現皺紋。

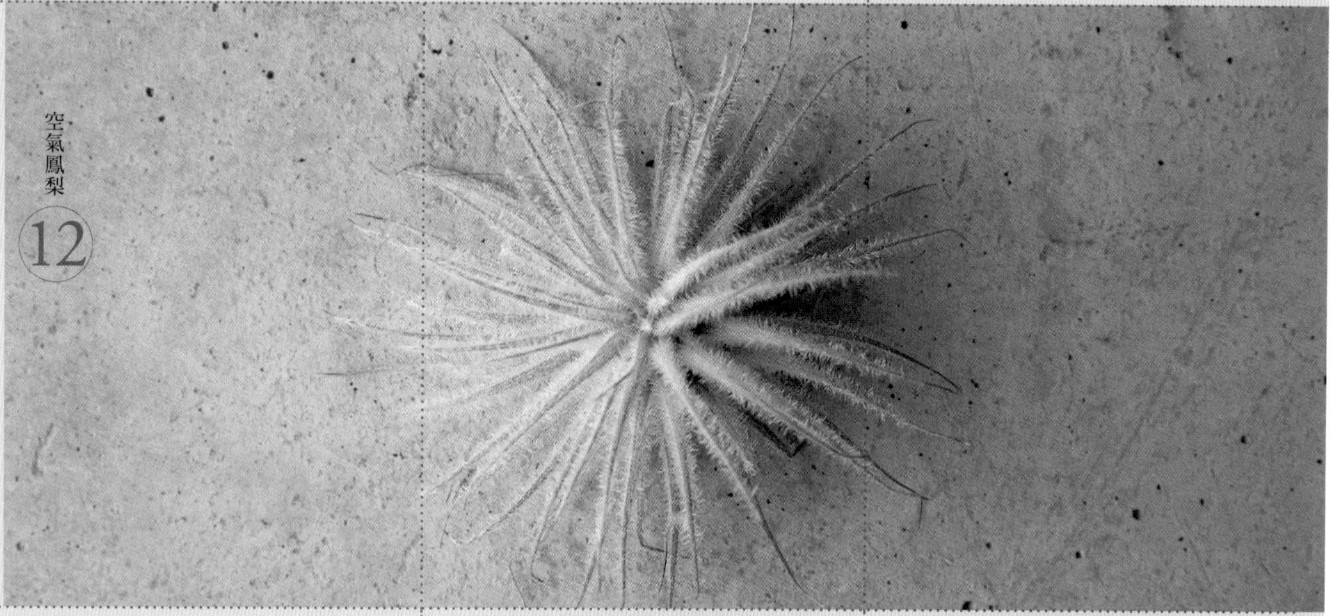

空氣鳳梨 12

雞毛撢子

學名 * *Tillandsia tectorum*
原產地 * 厄瓜多～秘魯
培育類型 * 夏型
葉子類型 * 銀葉系

放射狀展開的葉子表面，覆蓋著長長的毛狀體，外觀毛絨絨的很可愛。最好放在日光充足又通風的地方，耐乾燥，不要過度澆水，尤其要避免採用泡水的方式（泡一下就要拿起來）。

空氣鳳梨 13

三色花

學名 * *Tillandsia tricolor*
原產地 * 墨西哥～哥斯大黎加
培育類型 * 夏型
葉子類型 * 綠葉系

這個品種擁有堅硬的葉，開花期時花苞呈紅、綠色，花朵呈紫色，三色繽紛。莖部為儲水型，但如果放在室內較暗的地方，長期為有水狀態的根部中心會腐爛，要特別留意。

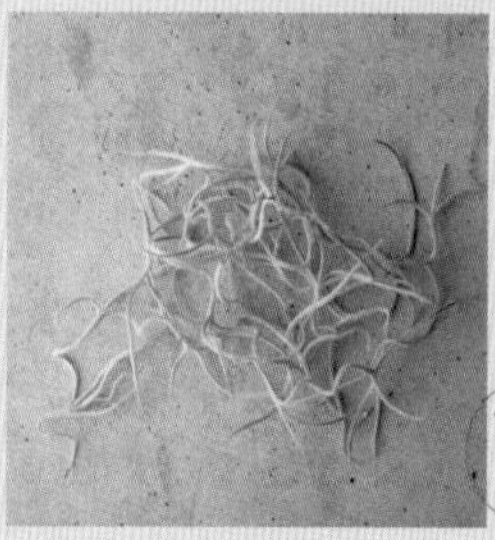

空氣鳳梨 14

菘蘿

學名 * *Tillandsia usneoides*
原產地 * 美國南部～南美
培育類型 * 夏型
葉子類型 * 銀葉系

細長蓬鬆的葉子是特徵，從前被當成包材來使用。討厭乾燥，冬天也要勤澆水。市面上有賣細葉、寬葉等各種類型。放入玻璃容器裡，吊掛起來很美。

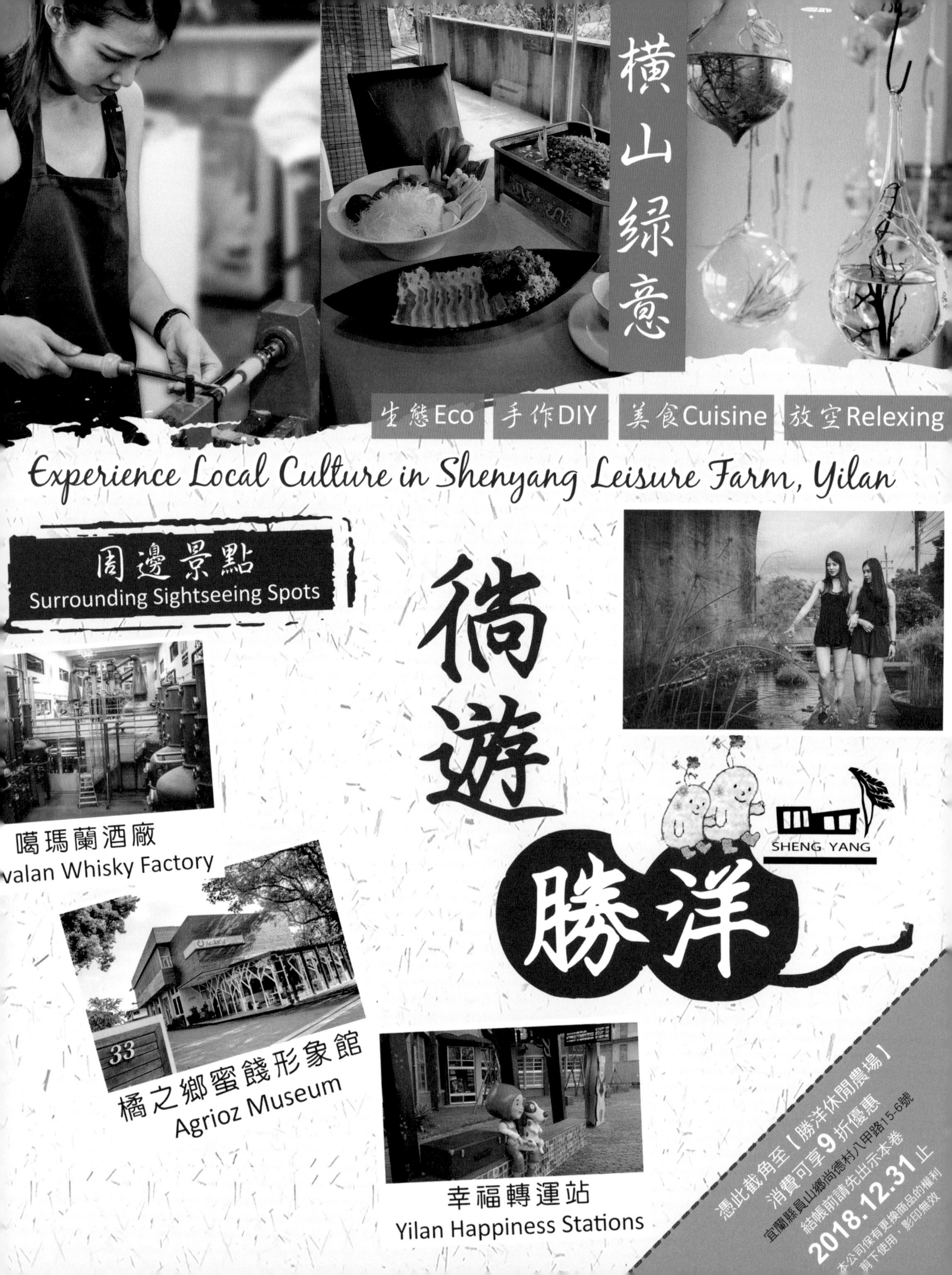
橫山綠意
生態Eco
手作DIY
美食Cuisine
放空Relexing
Experience Local Culture in Shenyang Leisure Farm, Yilan
周邊景點
Surrounding Sightseeing Spots
徜遊
勝洋
SHENG YANG
噶瑪蘭酒廠
valan Whisky Factory
橘之鄉蜜餞形象館
Agrioz Museum
幸福轉運站
Yilan Happiness Stations
憑此截角至【勝洋休閒農場】
消費可享9折優惠
宜蘭縣員山鄉尚德村八甲路15-6號
結帳前請先出示本卷
2018.12.31止
本公司保有更換商品的權利
剪下使用，影印無效

房間裡的小行星

水草×空氣鳳梨×多肉自組創作超療癒微型玻璃花園

原文書名 わたしの部屋の小惑星—アクアリウムとテラリウム
作　　者 早坂誠（Hayasaka Makoto）& 中山茜（Nakayama Akane）
譯　　者 陳佩君
審　　訂 （水草）徐志雄、（多肉）有肉Succulent & Gift 共同創辦 人GP
特約編輯 劉綺文

總 編 輯 王秀婷
責任編輯 向艷宇
版　　權 向艷宇、張成慧
行銷業務 黃明雪、陳彥儒

發 行 人 凃玉雲
出　　版 積木文化
104台北市民生東路二段141號5樓
電話：(02) 2500-7696｜傳真：(02) 2500-1953
官方部落格：www.cubepress.com.tw
讀者服務信箱：service_cube@hmg.com.tw
發　　行 英屬蓋曼群島商家庭傳媒股份有限公司城邦分公司
台北市民生東路二段141號11樓
讀者服務專線：(02)25007718-9｜24小時傳真專線：(02)25001990-1
服務時間：週一至週五09:30-12:00、13:30-17:00
郵撥：19863813｜戶名：書虫股份有限公司
網站：城邦讀書花園｜網址：www.cite.com.tw
香港發行所 城邦（香港）出版集團有限公司
香港灣仔駱克道193號東超商業中心1樓
電話：+852-25086231｜傳真：+852-25789337
電子信箱：hkcite@biznetvigator.com
馬新發行所 城邦（馬新）出版集團 Cite（M） Sdn Bhd
41, Jalan Radin Anum, Bandar Baru Sri Petaling, 57000 Kuala Lumpur, Malaysia.
電話：(603) 90578822｜傳真：(603) 90576622
電子信箱：cite@cite.com.my

封面完稿 葉若蒂
內頁排版 優士穎企業有限公司
製版印刷 中原造像股份有限公司

城邦讀書花園
www.cite.com.tw

2018年5月29日　初版一刷
Printed in Taiwan.
售　價／NT$480
ISBN 978-986-459-133-6

協力編輯：宮下信子
書籍設計：竹盛若葉
攝　　影：森山雅智、山本剛（第 120-123 頁）
校　　對：高橋尚樹、山內寛子、松岡修一／
Tanikun 工房（圖鑑）
插　　畫：tinyeggs studio（大森裕美子）

協力取材

【水草微造景】SENSUOUS（H2 有限公司）
東京都渋谷區神山町 8-2-1F
電話：+81-(0)3-6407-0335
http://www.h2-1.jp
【玻璃小盆栽】ROUSSEAU
http://www.rousseau.jp

協力攝影

國立科學博物館附屬自然教育園
後藤 Saboten ｜ http://www.sabo.co.jp

參考文獻

【水草微造景】
《ネイチャーガイド　日本の水草》角野康郎著（文一総合出版）
《世界の水草 728 種図鑑》吉野敏著（エムピージェー）
《水草の楽しみ方》吉野敏著（緑書房）
《AQUA PLANTS（2013 No.10）》（エムピージェー）
【玻璃小盆栽】
《多肉植物ハンディ図鑑》サボテン相談室、羽兼直行監修（主婦の友社）
《はじめて育てる！多肉植物 サボテン》野里元哉、長田研監修（NHK 出版）
《ティランジア～エアプランツ栽培図鑑》藤川史雄著（エムピージェー）
《「多肉植物の名前」400 がよくわかる図鑑》飯島健太郎監修（主婦と生活社）

國家圖書館出版品預行編目（CIP）資料

房間裡的小行星：水草×空氣鳳梨×多肉自組創作超療癒微型玻璃花園 / 早坂誠, 中山茜著；陳佩君譯. -- 初版. -- 臺北市：積木文化出版：家庭傳媒城邦分公司發行, 民107.05
面；　公分. -- (五感生活；61)
譯自：わたしの部屋の小惑星—アクアリウムとテラリウム
ISBN 978-986-459-133-6(平裝)

1.園藝學 2.栽培

435.11　　107006366